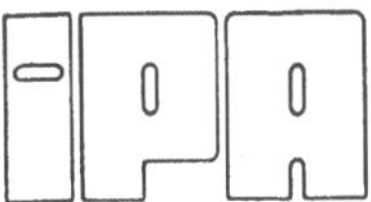

Forschung und Praxis · Band 38

**Berichte aus dem Fraunhofer-Institut
für Produktionstechnik und Automatisierung,
Stuttgart, und dem Institut
für Industrielle Fertigung und Fabrikbetrieb
der Universität Stuttgart**

Herausgeber: Prof. Dr.-Ing. H. J. Warnecke

Ulrich Maier

Arbeitsgangterminierung mit variabel strukturierten Arbeitsplänen

Ein Beitrag zur Fertigungssteuerung flexibler Fertigungssysteme

Mit 45 Abbildungen

Springer-Verlag
Berlin Heidelberg New York 1980

Dipl.-Ing. Ulrich Maier
Fraunhofer-Institut für Produktionstechnik und Automatisierung (IPA), Stuttgart

Dr.-Ing. H. J. Warnecke
o. Professor an der Universität Stuttgart
Fraunhofer-Institut für Produktionstechnik und Automatisierung (IPA), Stuttgart

D 93

ISBN-13:978-3-540-10213-7   e-ISBN-13:978-3-642-81508-9
DOI: 10.1007/978-3-642-81508-9

Das Werk ist urheberrechtlich geschützt. Die dadurch begründeten Rechte, insbesondere die der Übersetzung, des Nachdrucks, der Entnahme von Abbildungen, der Funksendung, der Wiedergabe auf photomechanischem oder ähnlichem Wege und der Speicherung in Datenverarbeitungsanlagen bleiben, auch bei nur auszugsweiser Verwendung, vorbehalten.
Bei Vervielfältigungen für gewerbliche Zwecke ist gemäß § 54 UrhG eine Vergütung an den Verlag zu zahlen, deren Höhe mit dem Verlag zu vereinbaren ist.
© Springer-Verlag, Berlin, Heidelberg 1980.

Die Wiedergabe von Gebrauchsnamen, Handelsnamen, Warenbezeichnungen usw. in diesem Werk berechtigt auch ohne besondere Kennzeichnung nicht zu der Annahme, daß solche Namen im Sinne der Warenzeichen- und Markenschutz-Gesetzgebung als frei zu betrachten wären und daher von jedermann benutzt werden dürften.
2362/3020—543210

Geleitwort des Herausgebers

Die Entwicklungen in der Produktionstechnik in den
letzten Jahrzehnten haben entscheidend zur positiven
wirtschaftlichen und sozialen Entwicklung in der
Bundesrepublik Deutschland beigetragen. Die Produktivität konnte jedes Jahr um durchschnittlich etwa 3,5 %
gesteigert werden. Mechanisierung und Automatisierung wurden und werden stetig weiter vorangetrieben.
Während es sich bisher jedoch um Verbesserungen an einzelnen Maschinen und Anlagen sowie Verfahren handelte,
werden heute alle Unternehmensbereiche erfaßt, und man
ist bemüht, das gesamte System Unternehmen bzw. Produktionsbetrieb zu optimieren. Das klassische Bemühen um
Optimierung des Einsatzes und Zusammenwirkens der Pro-
duktionsfaktoren Mensch, Maschine und Material muß heute
erweitert werden um die Berücksichtigung sozialer Belange,
gesetzlicher Auflagen, Probleme der Energieversorgung,
schnellen Veränderungen an den Produkten und auf den
Märkten sowie Sicherung der Qualität und der Lieferfähig-
keit.

Von wissenschaftlicher Seite wird und muß dieses Bemühen
unterstützt werden durch die Entwicklung von Methoden
und Vorgehensweisen zur systematischen Analyse und Ver-
besserung des Systems Produktionsbetrieb. Hier ist heute
insbesondere auch der Fertigungsingenieur gefordert,
nicht nur einzelne Maschinen und Verfahren zu beherrschen,
sondern das gesamte komplexe System hinsichtlich der Verknüpfung seiner Elemente durch zweckmäßigen Informations-
und Materialfluß. Beispielhaft seien dazu nur hinsichtlich des Informationsflusses die heute gegebenen Möglich-
keiten der Datenerfassung und -verarbeitung in Fertigungsplanung und -steuerung, an den einzelnen

Produktionsanlagen sowie im Qualitätswesen genannt.
Im Materialfluß geht es um richtige Auswahl und Einsatz von Fördermitteln, Förderhilfsmitteln sowie Anordnung und Ausstattung von Lägern. Die weitere Automatisierung in der Handhabung von Werkstücken und
Werkzeugen sowie der Montage von Produkten wird in
nächster Zukunft allergrößte Aufmerksamkeit geschenkt
werden. Leistungsfähige Sensoren werden die Möglich-
keiten dafür sehr stark vergrößern.

Die beiden vom Herausgeber geleiteten Institute, das
Institut für Industrielle Fertigung und Fabrikbetrieb
der Universität Stuttgart sowie das Fraunhofer-Institut
für Produktionstechnik und Automatisierung in Stuttgart,
arbeiten in grundlegender und angewandter Forschung
intensiv an den aufgezeigten Entwicklungen in der Produktionstechnik mit. Zur Umsetzung gewonnener Erkennt-
nisse wird die Schriftenreihe "IPA Forschung und Praxis"
herausgegeben. Der vorliegende Band setzt diese Reihe
fort, eine Übersicht über bisher erschienene Titel wird
am Schluß dieses Bandes gegeben.

Dem Verfasser sei für die geleistete Arbeit gedankt,
dem Springer-Verlag für die Aufnahme dieser Schriftenreihe in seine Angebotspalette und der Druckerei für
saubere und zügige Ausführung. Möge das Buch von der
Fachwelt gut aufgenommen werden.

Hans-Jürgen Warnecke

<u>Vorwort</u>

Die vorliegende Arbeit entstand während meiner Tätigkeit
am Institut für Industrielle Fertigung und Fabrikbetrieb
der Universität Stuttgart.

Herrn Professor Dr.-Ing. H.J. Warnecke, dem Leiter des
Institutes, bin ich für die wohlwollende Unterstützung
und großzügige Förderung der Arbeit zu besonderem Dank
verpflichtet.

Bei Herrn Professor DTechn. h. c. Dipl.-Ing. K. Tuffentsammer
bedanke ich mich für das Interesse, das er meiner Arbeit
entgegengebracht hat und für die zahlreichen Anregungen und
Hinweise, die sich bei der Durchsicht meiner Arbeit ergeben
haben.

Ein herzlicher Dank geht an Herrn Dr.-Ing. habil. H.J. Bullinger,
der durch seine offene und konstruktive Kritik wertvolle Hinweise zum Gelingen dieser Arbeit beigetragen hat.

Für die Unterstützung beim Ausarbeiten, Programmieren und
Testen des Konzepts bedanke ich micht recht herzlich bei den
Mitarbeitern der Gruppe 111 des Instituts für Produktionstechnik
und Automatisierung. Besonders erwähnen möchte ich die Herren
Dipl.-Ing. J. Biermann, Dipl.-Ing. O. Giuliani, Dipl.-Math.
J. Lienert, Dipl.-Ing., Dipl. Wirtsch.-Ing. P. S. Nieß und
Dipl.-Ing. G. Rabus.

Schweinfurt, Dezember 1979   Ulrich Maier

INHALTSVERZEICHNIS

Verzeichnis der verwendeten Formelzeichen

A Arbeitsbereich des flexiblen Fertigungssystems. Dieser entspricht der Menge aller Arbeitsgänge, die von dem flexiblen Fertigungssystem durchführbar sind.

A_c Anzahl der eingeplanten Werkstücke

A_g Anzahl gleichzeitig im System befindlicher Werkstücke

AG_a eingeplante Arbeitsgänge

AG_b einzuplanende Arbeitsgänge

DLZ_d Durchlaufzeit des Auftrags d in Minuten

E_k Menge der Arbeitsgänge, die von mindestens k Maschinen bearbeitet werden können

e_k Mächtigkeit der Menge E_k

F Arbeitsbereich einer Maschine, ausgedrückt in der Menge derjenigen Arbeitsgänge, die von dieser Maschine ausgeführt werden können

f_{DLZ} Durchlauffaktor eines Auftrags

G Grundmenge aller Werkstücke eines Unternehmens mit fertigungstechnisch definierten Eigenschaften

K zeitlicher Kapazitätsauslastungsgrad in %

M Menge der Werkstücke, die von einer Maschine bearbeitet werden können

m Anzahl der integrierten Fertigungsmittel eines flexiblen Fertigungssystems

n Anzahl der Werkstücke eines definierten Teilespektrums

P_M Mengenproduktivität

P_W Palettenwiederverwendungsfaktor

$PR_{LZ_{i,j}}$ Prioritätszahl der Fertigungsalternativen i und des Auftrags j bei unvermeidbarer Leerzeit

PR_{WZ_i} Prioritätszahl der Fertigungsalternativen i bei unvermeidbarer Wartezeit des einzuplanenden Auftrags

S_k Schnittmenge der Arbeitsbereiche von k Maschinen

T_{AUFTR_j} möglicher Arbeitsbeginn des Auftrags j

T_{MASCH_i} möglicher Starttermin der Maschine i

$t_{A_{i,j}}$ Bearbeitungszeit des einzuplanenden Auftrags j auf der Maschine i in Minuten

t_B mittlere Bearbeitungszeit je Arbeitsgang in Minuten

t_{AG_d} Gesamtbearbeitungszeit des Auftrags d in Minuten

t_{W_i} Wartezeit des vorgesehenen Auftrags auf der Maschine i in Minuten

t_T mittlere Transportzeit in Minuten

t_{prod} produktive Zeit des Fertigungssystems

t_{prod_i} produktive Zeit der Maschine i

t_{gesamt} verfügbare Einsatzzeit des flexiblen Fertigungssystems

U Menge der Werkstücke, die im flexiblen Fertigungssystem bearbeitet werden können

u_{abs} absolute Vielseitigkeit des flexiblen Fertigungssystems

u_r relative Vielseitigkeit

w_i Elemente (Werkstücke) der definierten Grundmenge

a,b,c,d, i,j,k,z   Laufvariable

ε_k Ersetzbarkeit k-ter Ordnung

ε Grad der Anpassungsfähigkeit

μ Anzahl der Fertigungsalternativen eines Auftrags

ν Anzahl der zur Einplanung anstehenden Aufträge

Verwendete Symbole der Mengenlehre

card: Kardinalzahl

$\{\ldots\}$ Elemente einer Menge

$\cup$ Konjunktion (Bilden von Vereinigungsmengen)

$\subset$ Inclusion (Bilden von Untermengen)

Abkürzungen

A   Auftrag

AAGN   ausgeschlossener Arbeitsgang

AFS   Arbeitsfortschrittsstufe

AG   Arbeitsgang

AGN   Arbeitsgangnummer

AGZ   Arbeitsgangzeit

ANR   Auftragsnummer

ATEX   Arbeitsgangterminierung bei flexiblen
             Fertigungssystemen

FIFO   First in First out - Regel

KOZ   kürzeste Operationszeit-Regel

MN   Maschinen-Nummer

NAFS   nächste Arbeitsfortschrittsstufe

NAGN   nächster Arbeitsgang

RFZ   Regalförderzeug

SLACK   Schlupfzeitregel

TBEG   Arbeitsbeginn

TEND   Arbeitsende

UP FOLGE   Unterprogramm zur Ermittlung der Einlastreihenfolge

UP ORDER   Unterprogramm zur Bereitstellung der Strukturar-
             beitspläne aller zu bearbeitenden Aufträge

UP VOLUME   Unterprogramm zur Ausgabe des Planungsergebnisses

UP UEBER   Unterprogramm zur Übergabe der nicht vollständig
             eingeplanten Aufträge

WZG   Nummer des Werkzeugsatzes

WZN   Werkzeugnummer

Z   Zählbar für fertiggestellte Aufträge

1   EINLEITUNG

Bis heute ist es trotz bereits vieler bekannter Systemkonzeptionen nur selten gelungen, flexible Fertigungssysteme wirtschaftlich einzusetzen. Dies läßt sich an ihrem geringen Einsatz erkennen, obwohl ihr schon erreichter technischer Stand
eine breitere Anwendung rechtfertigen würde /1/.

Die wesentlichen Merkmale flexibler Fertigungssysteme sind nach
DOLEZALEK die Verkettung von Fertigungs-, Lager- und Meßeinrich-
tungen über den Material- und Informationsfluß /2/. Diese Verknüpfung muß so aufgebaut sein, daß "einerseits eine automatische
Fertigung stattfinden kann, andererseits innerhalb eines gegebenen Bereichs unterschiedliche Bearbeitungsaufgaben an unterschiedlichen Werkstücken in einer nicht durch Umrüsten unterbro-
chenen Folge durchgeführt werden können"(Zitat nach /3/). Bild 1
zeigt die hierfür reforderlichen Teilsysteme systematisch.

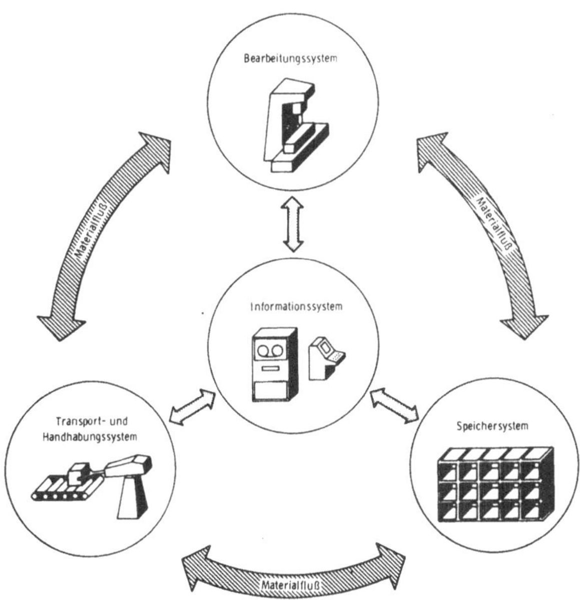

Bild 1: Teilsysteme flexibler Fertigungssysteme

Die wesentlichen Ziele, die mit flexiblen Fertigungssystemen angestrebt werden, sind eine hohe Kapazitätsnutzung, geringer Personalaufwand und kurze Durchlaufzeiten. Eine befriedigende Erfüllung dieser Ziele läßt sich nur mit einem leistungsfähigen Informationssystem erreichen.

Die vorliegende Arbeit soll einen Beitrag zur Lösung der technisch-organisatorischen Probleme beim Einsatz flexibler Fertigungssysteme leisten.

2 AUFGABENSTELLUNG

2.1 Problematik der Fertigungsorganisation bei flexiblen Fertigungssystemen

Die betrieblichen technisch-organisatorischen Informationssysteme beziehen den Menschen in den Informationsfluß zwischen Planvorgabe und Fertigungsausführung ein /4/. Dies geschieht im allgemeinen dadurch, daß die Arbeitsverteilung von Meistern bzw. Arbeitsverteilern übernommen wird. Etwaige Unzulänglichkeiten in der Planvorgabe oder Einflüsse von Störungen können von diesen Mitarbeitern improvisierend überbrückt werden, da sie in ihrem Bereich die Maschinenbelegung weitgehend eigenverantwortlich durchführen.

Flexible Fertigungssysteme lassen ein Eingreifen des Menschen in den Fertigungsablauf nur begrenzt zu. Sie können nur dann zufriedenstellend eingesetzt werden, wenn es gelingt, die bei konventioneller Fertigung übliche manuelle Arbeitsverteilung in Algorithmen zu fassen und dadurch in die Planungsphase mit einzubeziehen. Dabei ist darauf zu achten, daß die Flexibilität des Fertigungssystems nicht durch organisatorische Unbeweglichkeit eingeschränkt wird.

Flexibilität und automatischer Fertigungsablauf bestimmen also die Problematik der Fertigungsorganisation bei derartigen Systemen:

Obwohl das menschliche Improvisationsvermögen bei der Arbeitsverteilung nicht genutzt werden kann, muß die Fertigungsorganisation so beweglich sein, daß sie die Flexibilität des Fertigungssystems unterstützt.

Diese Problematik tritt am stärksten bei einer der Fertigung unmittelbar vorgelagerten Tätigkeit, dem Erstellen des Fertigungsprogramms auf. Dieses legt für jeden Auftrag, der in der folgenden Fertigungsperiode bearbeitet werden soll, sowohl den Fertigungsort, als auch die Zeitpunkte fest, an denen die geplanten Arbeitsgänge abzuarbeiten sind. Deshalb wird im folgenden

dieser Aufgabenbereich mit A r b e i t s g a n g t e r m i -
n i e r u n g bezeichnet.

Erst wenn es gelingt, die Erstellung und die Aufbereitung der
Informationen für die eigentliche Fertigung auf das gleiche Lei-
stungsniveau anzuheben wie die Fertigung selbst, werden die
durch diese technische Entwicklung möglich gewordenen höheren
zeitlichen und technischen Ausnutzungen der Betriebsmittel bei
häufig wechselnden Serien wirksam. Aus Bild 2 ist zu ersehen,
daß bei entsprechenden organisatorischen Voraussetzungen der ef-
fektive Arbeitseinsatz allein durch die Verkettung von Bearbeitungsstationen um mindestens 22 % der theoretischen Arbeitsbe-
reitschaft erhöht werden kann.

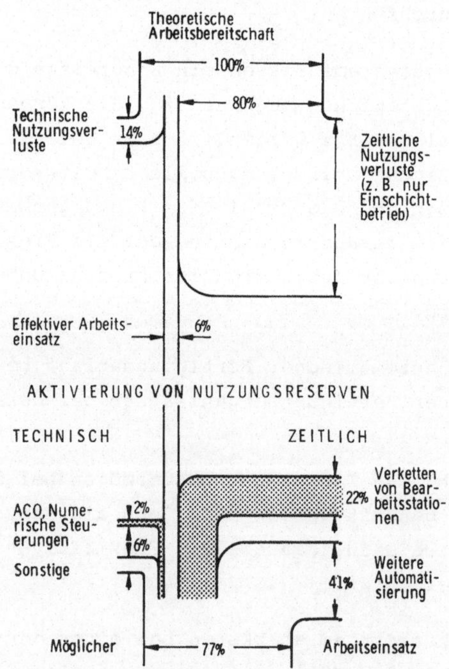

<u>Bild 2</u>: Verbesserung des Arbeitseinsatzes durch Automatisie-
rung der Einzel- und Kleinserienfertigung nach /5/

2.2 Stand der Entwicklung

In der Forschung lag bisher der Schwerpunkt bei der technischen
Entwicklung flexibler Fertigungssysteme. Viele bekannte Konzeptionen resultieren jedoch aus praktischen Problemlösungen
industrieller Anwender, wobei sich der Einsatz flexibler Fertigungssysteme in den Industrienationen unterschiedlich entwickelt
hat /6,7/.

Der Fertigungsorganisation, insbesondere der Reihenfolgeplanung,
ist zunächst wenig Bedeutung beigemessen worden. Die bisher ver-
öffentlichten Arbeiten auf diesem Gebiet haben versucht, die Problematik der Reihenfolgeplanung mit Hilfe der Simulationstechnik
zu lösen. Insbesondere hat HORRMANN /8/ ein Simulationsmodell
vorgestellt, mit dem für einen ausgewählten Typ eines flexiblen
Fertigungssystems eine Reihenfolgeplanung durchgeführt wird. Als
Eingangsgrößen verwendet er Aufträge, die mit Hilfe von Prioritäten gewichtet sind. Das auf diese Weise ermittelte Fertigungsprogramm stellt somit das Ergebnis einer Ablaufsimulation dar.
Diese Methode ist bei einfachen Reihenfolgeproblemen anwendbar.
Sie läßt es jedoch nicht zu, Fertigungsalternativen im Verlauf
eines Planungsvorgangs einzubeziehen. Weiterhin muß für jedes
Fertigungssystem ein Modell erstellt werden, da diese Simulationstechnik es nicht erlaubt, unterschiedliche Aufbau- und Ablaufstrukturen in einem universalen Modell abzubilden.

Das Problem einer flexiblen Arbeitsverteilung haben
LUEG und MOLL /9,11/ behandelt. Sie beschreiben eine Methode
der Maschinenbelegung, die auf dem Gedanken aufbaut, daß gleiche
Bearbeitungsaufgaben oft auf verschiedenen Fertigungseinrichtun-
gen durchzuführen sind. Über ein fertigungsbeschreibendes Klassifizierungssystem wird eine Zuordnungslogik "Arbeitsgang - Maschine" aufgezeigt, mit der die jeweils günstigste Fertigungsalternative ausgewählt wird. Die Arbeit konzentriert sich auf
das Auffinden technologischer Fertigungsalternativen.

Als eine der ersten Arbeiten, die sich der automatisierten Fertigungssteuerung widmet, kann PÄTZOLD /10/ genannt werden. Er

befaßt sich mit der Fertigungssteuerung bei DNC-Systemen und flexiblen Fertigungszellen. Der Schwerpunkt seiner Arbeit liegt bei Problemen der Datenverteilung in DNC-Systemen und muß somit der Ablaufsteuerung hochautomatisierter Fertigungssysteme zugeordnet werden.

Das Problem der kurzfristigen Arbeitsgangterminierung bei flexiblen Fertigungssystemen ist jedoch bis heute noch nicht zufriedenstellend gelöst, weil in eingesetzten Methoden Fertigungsalternativen nur unzureichend in den Planungsvorgang einbeziehen.

2.3   Ziel der Arbeit

Ziel der vorliegenden Arbeit ist es, eine Methode der Arbeitsgangterminierung für flexible Fertigungssysteme zu entwickeln. Hierzu werden zunächst die bekannten Methoden der Arbeitsgangterminierung vorgestellt, sowie deren charakteristische Eigenschaften beschrieben. Als zweiter vorbereitender Schritt müssen die bekannten Konzeptionen flexibler Fertigungssysteme hinsichtlich ihrer Aufbau- und Ablaufstrukturen analysiert werden. Diese Analyse soll es ermöglichen, Typen flexibler Fertigungssysteme zu bilden, aus denen ein Repräsentant ausgewählt werden kann. Anhand dieses repräsentativen Typs flexibler Fertigungssysteme sind die wichtigsten Anforderungen an eine Methode der Arbeitsgangterminierung abzuleiten. Damit läßt sich beurteilen, ob die bekannten Methoden der Arbeitsgangterminierung den Anforderungen flexibler Fertigungssysteme genügen. Trifft dies nicht zu, so muß eine geeignete Methode neu entwickelt werden.

Bei der Entwicklung einer Terminierungsmethode sind zunächst die Eingangsgrößen der Arbeitsgangterminierung zu ermitteln. Diese Untersuchung wird sich im besonderen mit der notwendigen Form der Arbeitspläne befassen müssen, da in ihnen alle Bearbeitungsvorgänge beschrieben sind. Aufbauend hierauf wird eine Terminierungsmethode entwickelt, die alle Fertigungsalternativen eines Werkstücks berücksichtigt und im Verlauf eines Planungsvorgangs die jeweils günstigste auswählt. Eine derartige Methode ist gekennzeichnet durch organisatorische Flexibilität und ist somit die notwendige Ergänzung der technologischen Flexibilität des Fertigungssystems.

Der dritte Teil der Arbeit befaßt sich mit dem Einsatz der entwickelten Terminierungsmethode. Hierzu ist es notwendig, verschiedene Zielrichtungen beim Erstellen des Fertigungsprogramms verfolgen zu können. Dazu wird zunächst die Wirkungsweise bekannter Prioritätsregeln vorgestellt. Anhand zahlreicher Planungsrechnungen werden unterschiedliche Terminierungsstrategien der entwickelten Methode beurteilt.

Für das Ziel, eine Methode der Arbeitsgangterminierung zu entwickeln, die den Anforderungen flexibler Fertigungssysteme gerecht wird, wird also die in Bild 3 dargestellte Vorgehensweise gewählt.

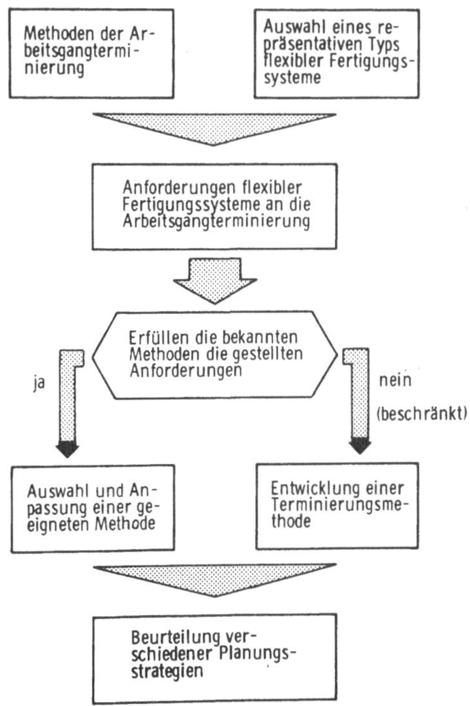

Bild 3: Vorgehensweise zur Entwicklung einer Methode der Arbeitsgangterminierung

3   METHODEN UND BEDEUTUNG DER ARBEITSGANGTERMINIERUNG

3.1   Stellung der Arbeitsgangterminierung im betrieblichen Informationssystem

Die Arbeitsgangterminierung ist dem betrieblichen Informationssystem Fertigungssteuerung zuzuordnen. Nach AwF /12/ umfaßt die Fertigungssteuerung alle Maßnahmen, die zur Durchführung der in der Fertigungsplanung vorbereiteten Fertigungsaufgaben notwendig sind. Aus Bild 4 ist ersichtlich, daß beide Aufgaben der Arbeitsvorbereitung zugeordnet sind.

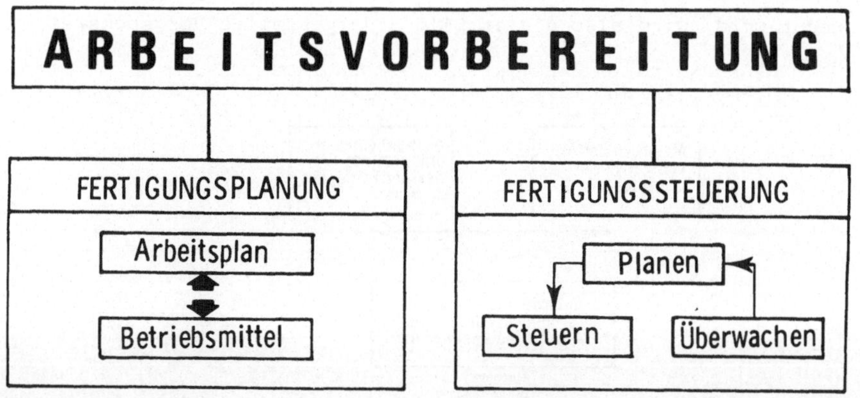

Bild 4: Gliederung der Arbeitsvorbereitung

Die Fertigungssteuerung gliedert sich in einen planenden, steuernden und überwachenden Anteil, wobei im planenden Anteil die Vorgabewerte für den steuernden Teil ermittelt werden /12/. Dies betrifft sowohl die Auftragsmengen als auch die Fertigungstermine. Der steuernde Anteil übermittelt die Plandaten der Fertigung und leitet somit die geplanten Vorgänge ein. Da die Fertigung im allgemeinen keinem Zwangslauf unterliegt, muß sie überwacht werden. Hierzu werden die im Fertigungsprozeß anfallenden Betriebsdaten erfaßt und mit den Vorgabewerten aus der Planung verglichen. Dieser SOLL-IST-Vergleich beeinflußt den nächsten Planungsvorgang, wenn beträchtliche Abweichungen festgestellt werden.

Das Einplanen von Aufträgen erfolgt in der Praxis in verschiedenen Stufen und in unterschiedlichen Planungszyklen. (Terminpla-
nungshierarchie /12/). Die Eingabedaten und Ergebnisse werden
von Stufe zu Stufe genauer. Die Ausgangsdaten einer Planungsstufe
gehen in die nächst niederere Planungsstufe ein. Analog hierzu
steigt die Planungsfrequenz, während sich die Planungsbasis ver-
kleinert. Die endgültige Zuordnung "Arbeitsgang/Maschine" erfolgt
in der letzten Planungsstufe, der Arbeitsgangterminierung.

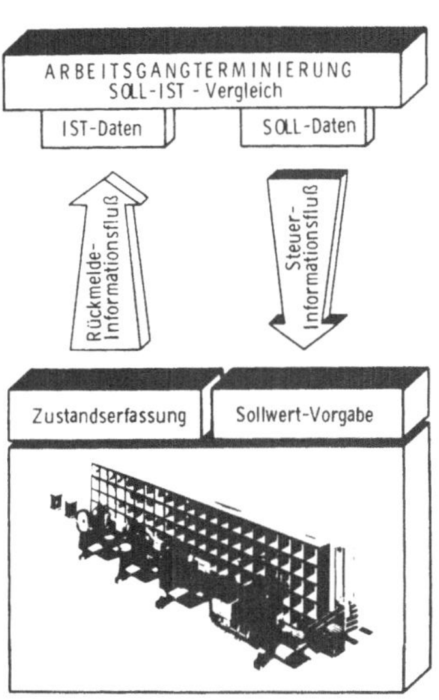

<u>Bild 5:</u> Prinzip des organisatorischen Informationsflusses
in der Fertigung

Die Arbeitsgangterminierung ist somit der kürzestfristigen Ter-
minplanung zuzurechnen. Ihre Ergebnisse gehen direkt in den
steuernden Anteil der Fertigungssteuerung ein und stellen endgültige Solldaten dar. Abweichungen im Fertigungsablauf werden
mit diesen Daten verglichen und beeinflussen dadurch den nächsten
Planungsvorgang. Betrachtet man die Fertigungssteuerung als einen
Regelkreis, so kann die Arbeitsgangterminierung als Regelglied
bei auftretenden Abweichungen vom geplanten Ablauf betrachtet
werden. Bild 5 zeigt schematisch den Regelkreis, der durch den
Fertigungsprozeß selbst, durch den steuernden und überwachenden
Informationsfluß sowie die Arbeitsgangterminierung gebildet wird.

3.2 Aufgabe und Zielsetzung der Arbeitsgangterminierung

3.2.1 Aufgaben der Arbeitsgangterminierung

Die Arbeitsgangterminierung hat die Aufgabe, das Ablaufproblem
in der Fertigung zu lösen. Ein Ablaufproblem liegt immer dann
vor, "wenn eine Menge von Tätigkeiten unter Beachtung von Bedingungen auszuführen ist, die eine bestimmte zeitliche Auf-
einanderfolge dieser Tätigkeiten verlangen /13/". In der Literatur /14/ werden drei Arten von Bedingungen unterschieden:

P o t e n t i a l b e d i n g u n g e n legen die Ausführungs-
termine von Vorgängen fest.

D i s j u n k t i v e B e d i n g u n g e n schließen gleich-
zeitige Vorgänge aus.

K u m u l a t i v e B e d i n g u n g e n begrenzen die verfügbare Kapazität.

Die Aufgabe der Arbeitsgangterminierung läßt sich somit folgendermaßen beschreiben:

Die Termine von Arbeitsgängen sollen unter Beachtung der genannten Bedingungen so festgelegt werden, daß eine Zielfunktion zufriedenstellend erfüllt wird.

3.2.2 Ziel der Arbeitsgangterminierung

Jedes Unternehmen verfolgt das Ziel, über einen entsprechenden
Gewinn eine angemessene Rentabilität des eingesetzten Kapitals
zu erreichen. Dieses betriebswirtschaftliche Gesamtziel ist jedoch für Teilbereiche des Unternehmens nicht anwendbar /13/. Um
den Betrieb flexibler Fertigungssysteme an diesem Ziel messen
zu können, sind operationale Teilziele aus dem Gesamtziel abzuleiten. Neben einer Reihe subjektiver Zielsetzungen in der Praxis lassen sich drei grundsätzliche Gruppen von Teilzielen der
Arbeitsgangterminierung nennen:

- hohe Kapazitätsnutzung,
- kurze Durchlaufzeiten,
- gute Termineinhaltung.

Eine hohe Nutzung der Fertigungskapazität ist erforderlich, um
die Produktivität des eingesetzten Kapitals zu sichern. Mit dem
Ziel, kurze Durchlaufzeiten der Fertigungsaufträge zu erreichen,
will man das Umlaufkapital senken. Eine gute Termineinhaltung
prägt zusammen mit der Qualität des Produkts das Ansehen eines
Unternehmens. Sie kann ein wichtiges Verkaufsargument sein und
ist deshalb häufig mitentscheidend für den Erfolg eines Unternehmens am Markt.

Die genannten Zielsetzungen verhalten sich teils komplementär,
teilweise stehen sie jedoch in Konkurrenz zueinander. So ergän-
zen sich die Zielsetzungen "minimale Durchlaufzeit" und "höchst-
mögliche Termintreue" /16/. Demgegenüber entsteht ein Konflikt
zwischen den Zielsetzungen "minimale Durchlaufzeit" und "maximale Kapazitätsnutzung". Diese Konkurrenzsituation wird allgemein als das D i l e m m a d e r A b l a u f p l a n u n g
bezeichnet /17/.

3.3 Methoden der Arbeitsgangterminierung

Wie Bild 6 zeigt, lassen sich die Methoden der Arbeitsgangterminierung in analytische und heuristische einteilen.

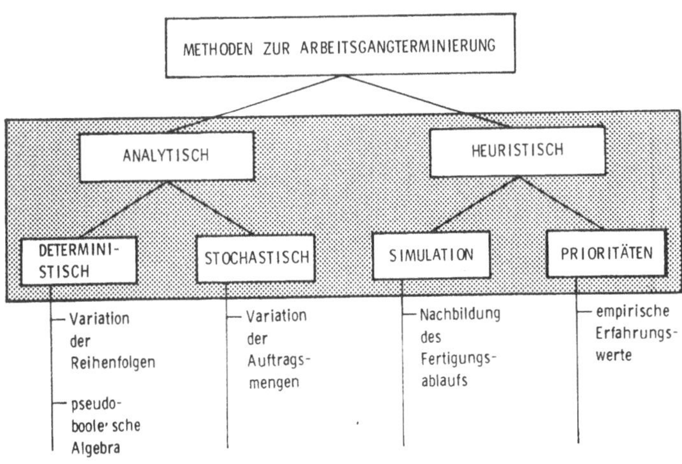

Bild 6: Methoden der Arbeitsgangterminierung

3.3.1   Analytische Methoden

3.3.1.1 Deterministische Methoden

Deterministische Methoden stützen sich auf das Prinzip der kom-
binatorischen Vertauschung von Reihenfolgen. Dabei wird der
Auftragsbestand nach Art und Menge konstant gehalten und nur
die Reihenfolge der Aufträge variiert. Die Tatsache, daß sich
aus unterschiedlichen Fertigungsreihenfolgen auch unterschiedliche Durchlaufzeiten und Nutzungsgrade ergeben, bezeichnet
DICKHUT als R e i h e n e f f e k t /18/.

Die deterministischen Methoden arbeiten mit theoretischen Annahmen, die sich selten verwirklichen lassen /17/. So geht man
z.B. von einer unbegrenzten Fertigungskapazität aus. Dadurch werden die Wartezeiten zwischen den einzelnen Bearbeitungsvorgän-
gen vernachlässigt. Der entscheidende Nachteil deterministischer
Methoden liegt jedoch darin, daß der Rechenaufwand zur Lösung
von Reihenfolgeproblemen praktischer Größenordnung auch mit den
heutigen EDV-Anlagen nicht zu bewältigen ist /19/.

Neuere Ansätze lösen das Zuordnungsproblem "Arbeitsgang - Maschine" mit Hilfe der Pseudo-Boole'schen Programmierung. SANKARAN
/20/ erstellt mit dieser Methode kostenoptimale Fertigungspläne
für Drehteile, wobei eine Minimierung des Umrüstaufwands angestrebt wird. Es besteht jedoch auch die Möglichkeit, Alternativ-
arbeitspläne zu ermitteln. Dies erlaubt bei Engpaßsituationen
ein Ausweichen auf weniger ausgelastete Bearbeitungsstationen.
Vorrangig wird jedoch das Ziel verfolgt, Fertigungsabläufe mit
minimalem Rüstaufwand abzuleiten. Durch diesen R ü s t e f -
f e k t werden kürzere Durchlaufzeiten bei höheren Abferti-
gungsraten möglich /13/.

3.3.1.2 Stochastische Methoden

Stochastische Methoden erfassen Mengen und Zeiten des einzuplanenden Auftragsbestands durch die Kennwerte ihrer Verteilungen.
Im Gegensatz zu den deterministischen Methoden werden nicht Auf-
tragsreihenfolgen, sondern der in die Fertigung hineingegebene

Auftragsbestand verändert. Der B e s t a n d s e f f e k t
besteht nun darin, daß sich mit zunehmender Erhöhung des Auftragsbestands sowohl die Kapazitätsauslastung als auch die Durchlaufzeiten infolge unvermeidlicher Warteschlangen erhöhen /18/.
Das eigentliche Dilemma der Ablaufplanung liegt nun darin, daß
"unter Verzicht auf Rüst- und Reiheneffekt in der Praxis oft nur
der Bestandseffekt angewendet wird /13/". Da bei den stochastischen Methoden von zufälligen Abarbeitungsreihenfolgen ausgegan-
gen wird, treten höhere Durchlaufzeiten auf, als bei einer Optimierung der Reihenfolge zu erwarten wären. Mit stochastischen
Methoden können sich also bestenfalls zufriedenstellende Lösun-
gen ergeben.

3.3.2 Heuristische Methoden

Heuristische Methoden beruhen auf der Verarbeitung von Erfah-
rungswerten. Ihre Vorgehensweise ist rein empirisch, indem mit
Hilfe willkürlicher Abfertigungsregeln versucht wird, das Ablaufproblem in der Fertigung zufriedenstellend zu lösen /21/.

3.3.2.1 Die Ablaufsimulation

Bei der Ablaufsimulation wird der Fertigungsablauf in Modellen
nachgebildet. NIEMEYER /22/ definiert die digitale Simulation
als eine "Nachahmung von Systemabläufen mit Hilfe zeit- und
strukturdiskreter Modelle auf digitalen Rechenanlagen".

Die Ablaufsimulation kennt keinen spezifischen Lösungsalgorith-
mus. Insbesondere gibt es keine Algorithmen, die zwangsläufig zu
einer optimalen Auftragsfolge führen. Man muß also versuchen,
durch heuristische Überlegungen eine begrenzte Anzahl verschiedener Fertigungsabläufe zu finden. Diese Varianten werden durchge-
spielt und diejenige mit dem besten Resultat ausgewählt, wobei
das tatsächliche Optimum mit hoher Wahrscheinlichkeit unent-
deckt bleibt.

3.3.2.2 Die Prioritätssteuerung

Bei der Prioritätssteuerung werden einzelnen Arbeitsgängen oder
dem gesamten Auftrag Dringlichkeitskennzahlen zugeordnet. Diese
regeln dadurch die Abarbeitungsreihenfolge, daß derjenige Auftrag bzw. Arbeitsgang vorrangig abgearbeitet wird, der mehr zur
Zielerfüllung beiträgt. Bezieht sich die Dringlichkeitskennzahl
auf den gesamten Auftrag, so bezeichnet man diese als Auftragspriorität. Analog hierzu spricht man bei arbeitsgangbezogenen
Dringlichkeitskennzahlen von Arbeitsgangprioritäten, die nach
Prioritätsregeln errechnet werden /15/.

Das Einplanen von gesamten Aufträgen mit Hilfe von Auftragsprioritäten beruht auf der Vorstellung, daß die Fertigung eine
komplexe Bearbeitungsstation sei, vor der die Aufträge in einer
Warteschlange auf ihre Fertigungsfreigabe warten /23/. Bei der
Terminierung nach Arbeitsgangprioritäten wird die Fertigung als
ein Netzwerk hintereinander bzw. parallel geschalteter Warteschlangen betrachtet, wobei die Maschinen Bedienkanäle darstellen. Diese Betrachtungsweise entspricht eher dem tatsächlichen
Ablauf der Kleinserienfertigung als die Einplanung nach Auftragsprioritäten und stützt sich auf Forschungsarbeiten von JACKSON
/24/.

Da in der Literatur die Prioritätsregeln umfassend diskutiert
sind, wird hier darauf verzichtet, diese näher zu beschreiben
/16, 25,26,27/. Im Hinblick auf die Wichtigkeit von Prioritätsregeln soll jedoch eine Übersicht der Ergebnisse verschiedener
Forschungsarbeiten gegeben werden. In Bild 7 wird die Wirksamkeit
der gebräuchlichsten Prioritätsregeln hinsichtlich der Ziele der
Arbeitsgangterminierung aufgezeigt /28...33/.

	ZIELKRITERIEN	GEEIGNETE REGEL
Kapazitäts-nutzung	min. Leerzeit	kürzeste Operations-zeit-Regel(KOZ)
	max. Auslastung	first in first out-Regel(FIFO)
Durchlauf-zeit	minimale mittlere Durchlaufzeit	KOZ
		FIFO
	minimale Varianz der Durchlaufzeiten	Schlupfzeitregel (SLACK)
Termin-treue	minimale Anzahl verspäteter Aufträge	geringste Summe aus Bearbeitungszeit und Schlupf
	minimale Verspä-tungszeit	Kombinierte Regeln z. B. COVERT

Bild 7: Wirkung von Prioritätsregeln nach /15/

3.4 Planungsgrößen der Arbeitsgangterminierung

Je nach Stellung der Planungsgrößen werden Eingangs- und Ergeb-nisgrößen unterschieden. Die Eingangsgrößen der Arbeitsgangter-minierung lassen sich in drei Gruppen aufteilen:

- auftragsspezifische Größen
- werkstückspezifische Größen
- kapazitätsspezifische Größen.

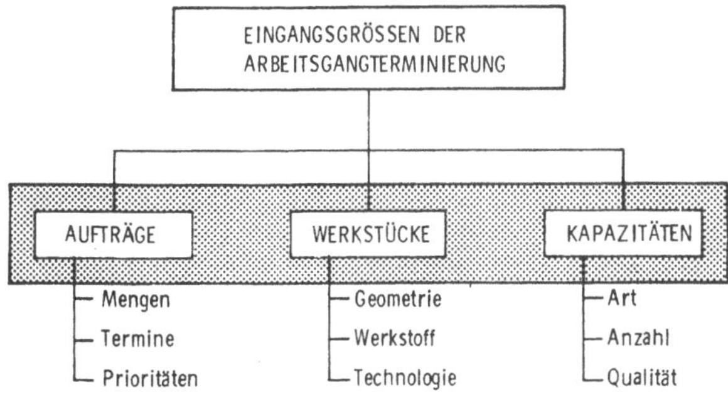

Bild 8: Eingangsgrößen der Arbeitsgangterminierung

Wie Bild 8 zeigt, beschreiben die auftragsspezifischen Größen
die Auftragsmengen, die geforderten Fertigungsstellungstermine
und die Prioritäten. Die werkstückspezifischen Größen sind aus
den Arbeitsplänen zu entnehmen und beschreiben den technischen
Fertigungsablauf. Insbesondere geben diese Größen Auskunft über
die Bearbeitungsverfahren, die Bearbeitungszeiten und die Bear-
beitungsmaschinen der zur Herstellung der Werkstücke notwendigen
Arbeitsgänge. Kapazitätsspezifische Größen legen die zur Bearbeitung der Aufträge bereitgestellten Kapazitäten sowohl qualitativ
als auch quantitativ fest. ROPOHL /34/ bezieht die quantitative
Kapazität auf die Menge und die qualitative Kapazität auf die
Art und Güte der Leistungsfähigkeit von Fertigungsmitteln.

Als Ergebnis der Arbeitsgangterminierung wird das Fertigungsprogramm ermittelt. Aus Bild 9 ist zu entnehmen, daß im Verlauf der Arbeitsgangterminierung sowohl das Bearbeitungsverfahren ausgewählt als auch die Bearbeitungsfolge festgelegt wird.
Damit stehen dem steuernden Anteil der Fertigungssteuerung die
zeitlichen und örtlichen Plandaten aller Fertigungsvorgänge der
nächsten Fertigungsperiode zur Verfügung.

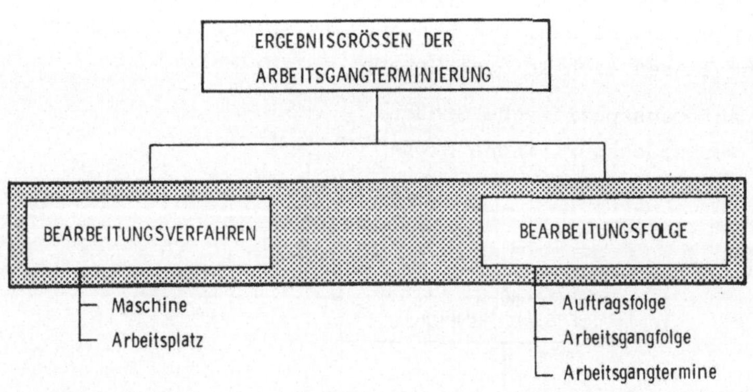

Bild 9: Ergebnisgrößen der Arbeitsgangterminierung

4 AUSWAHL EINES REPRÄSENTATIVEN TYPS FLEXIBLER FERTIGUNGSSYSTEME

Es ist nicht zu erwarten, daß eine Methode der Arbeitsgangterminierung für alle bekannten Systemkonzeptionen anwendbar ist. Um dennoch ein breites Anwendungsfeld für die zu entwickelnde Methode der Arbeitsgangterminierung zu gewährleisten, soll in diesem Abschnitt ein repräsentativer Typ flexibler Fertigungssysteme abgeleitet werden, der sich dadurch auszeichnet, daß viele Systemkonzeptionen auf ihn zurückzuführen sind.

Die Auswahl eines repräsentativen Typs flexibler Fertigungssysteme orientiert sich an den Gestaltungsmerkmalen der Aufbau- und Ablaufstrukturen flexibler Fertigungssysteme. Um die Fertigungssysteme hinsichtlich ihrer Flexibilität vergleichen zu können, ist es notwendig, den Begriff "Flexibilität" mathematisch auszudrücken und dadurch einer Quantifizierung zugänglich zu machen.

4.1 Zum Begriff Flexibilität

Flexibilität beschreibt allgemein die Fähigkeit, sich wechselnden Situationen anzupassen. Der zu beobachtende Trend zur Kleinserienfertigung bewirkt, daß der Begriff Flexibilität in zunehmendem Maße in Verbindung mit der Automatisierung von Fertigungsvorgängen benutzt wird. Allerdings zeigt das Schrifttum /34...39/ die Bedeutungsvielfalt und Unschärfe des Begriffs Flexibilität. Gemeinsam ist allen Deutungen, daß ein flexibles Fertigungssystem für verschiedene Aufgaben einsatzfähig sein muß. Ein flexibles Fertigungssystem muß also zwei Anforderungen genügen:

1. Es muß eine automatische Fertigung unterschiedlicher Werkstücke möglich sein.

2. Unterschiedliche Werkstücke müssen in beliebiger Reihenfolge bearbeitet werden können.

Somit wird deutlich, daß in der Fertigungstechnik der Begriff Flexibilität zwei Eigenschaften beschreibt:

Flexibilität nimmt im Zusammenhang mit der ersten Forderung die

Aussagekraft des Begriffs Vielseitigkeit an: je breiter das zu fertigende Werkstückspektrum ist, desto flexibler bzw. universeller muß das Fertigungssystem sein.

Die zweite Forderung wertet den Begriff Flexibilität im Sinne der Anpassungsfähigkeit an sich innerhalb des Werkstückspektrums ändernde Bearbeitungsanforderungen. Diese Eigenschaft ist umso höher zu bewerten, je problemloser sich das Fertigungssystem auf wechselnde Anforderungen einstellen kann.

4.1.1 Die Quantifizierung der Flexibilität von Fertigungssystemen

Einen ersten Ansatz zur Quantifizierung der Flexibilität eines Fertigungssystems hat SCHARF /40/ vorgeschlagen. Sein Versuch, die Flexibilität über die "fertigungstechnische Redundanz" zu beschreiben hat aber den Nachteil, daß diese von der Anzahl im Fertigungssystem integrierter Bearbeitungsstationen abhängig ist. Damit wird aber ein Vergleich von Fertigungssystemen mit einer unterschiedlichen Anzahl von Bearbeitungsstationen unmöglich.

Entsprechend den aufgezeigten Eigenschaften flexibler Fertigungssysteme gliedert sich der im folgenden gewählte Ansatz zur mathematischen Beschreibung der Flexibilität in zwei Teile:

Im ersten wird die Vielseitigkeit formuliert und im zweiten wird die Anpassungsfähigkeit in mathematische Ausdrücke gefaßt.

Die Quantifizierung der Flexibilität erfordert es, die fertigungstechnischen Eigenschaften von Bearbeitungssystemen zu beschreiben. Hierzu eignet sich die Mengenlehre, da die Einzelfunktionen eines Fertigungsmittels als Mengenelemente dessen qualitativer Kapazität interpretiert werden können.

4.1.1.1 Mathematische Darstellung der Vielseitigkeit flexibler Fertigungssysteme

Der mengentheoretische Ansatz erfordert die Definition einer Grundmenge von Werkstücken, auf die die Vielseitigkeit eines Fertigungssystems zu beziehen ist. Da auch in weiterer Zukunft nicht zu erwarten ist, daß auf einem flexiblen Fertigungssystem völlig verschiedene Teilespektren zu fertigen sind, bietet es sich an, als Grundmenge G ein begrenztes Teilespektrum zu definieren. Aus praktischen Gründen sollte dieses Teilespektrum auf einen Betrieb begrenzt werden. Beispielsweise können alle prismatischen Werkstücke einer Teilefamilie in dieser Grundmenge zusammengefaßt werden. In diesem Fall gilt:

$$G = \{w_i\}_{i=1,\ldots,n} \qquad w_i \text{ ist ein prismatisches Werkstück eines Unternehmens}$$

Vergleicht man die qualitative Kapazität einer Maschine mit den Anforderungen von seiten des Werkstückspektrums so läßt sich ermitteln, welche Werkstücke von einem Fertigungsmittel bearbeitet werden können, wobei auch eine Teilbearbeitung zu berücksichtigen ist. Solche Werkstücke werden in der Menge M einer Maschine zusammengefaßt. Es gilt dann:

$$M = \{w_i\}_{i=1,\ldots,z} \qquad 1 \leq z \leq n$$

Vereinigt man die Werkstückmengen aller im Fertigungssystem integrierter Fertigungsmittel, so erhält man die Menge U derjenigen Werkstücke, die auf dem flexiblen Fertigungssystem bearbeitbar sind.

$$U = \bigcup_{j=1,\ldots,m} M_j$$

Die Menge U beschreibt die Vielseitigkeit eines Fertigungssystems. Als Maßzahl für die Vielseitigkeit gilt dann die Mächtigkeit dieser Menge:

$$u_{abs} = \text{card } U$$
$$\text{card} = \text{Kardinalzahl}$$

u_{abs} drückt aus, wieviele Werkstücke der Menge G auf dem flexiblen Fertigungssystem zu fertigen sind. Bezieht man die Vielseitigkeit u_{abs} auf die Mächtigkeit der Menge G, so läßt sich hier-

aus eine relative Vielseitigkeit ableiten. Sie besagt, welcher Anteil der definierten Grundmenge auf dem flexiblen Fertigungssystem zu fertigen ist. Es gilt dann:

$$u_r = \frac{\text{card } U}{\text{card } G}$$

Damit läßt sich die Vielseitigkeit eines Fertigungssystems quan-
tifizieren:

Ein flexibles Fertigungssystem ist umso vielseitiger,
je größer u_{abs} wird. Bezogen auf ein abgegrenztes Teilespektrum (definierte Grundmenge) ist das Fertigungssystem mit dem größten u_r als das vielseitigste anzusehen.

4.1.1.2 Bewertung der Anpassungsfähigkeit eines Ferti-
gungssystems

Zur Bewertung der Anpassungsfähigkeit eines Fertigungssystems
ist es notwendig, die Grundmenge aller bearbeitbaren Werkstücke
in ihre Arbeitselemente, den Arbeitsgängen, aufzulösen. Dadurch
läßt sich der Begriff des Arbeitsbereichs einer Maschine im Hinblick auf das vorhandene Werkstückspektrum neu definieren: Der
Arbeitsbereich F einer Maschine entspricht der Menge aller von
dieser durchführbaren Arbeitsgänge aus der Menge der Vielseitigkeit U.

$$F = \{AG_i\}_{i=1,\ldots,I} \qquad AG_i \text{ ist ein Arbeitsgang}$$

Der Arbeitsbereich des gesamten Fertigungssystems ergibt sich
dann aus der Vereinigungsmenge aller Arbeitsbereiche der im Fertigungssystem integrierten Bearbeitungsstationen:

$$A = \bigcup_{j=1,\ldots,m} F_j$$

Diese Menge dient als neue Grundmenge, weil die Anpassungsfähigkeit ausdrücken soll, wie sich das Fertigungssystem an wechselnde Arbeitsanforderungen innerhalb des Teilespektrums anpassen kann.

Nach /40/ ist es hierfür notwendig, daß im Fertigungssystem
"mehr als zur augenblicklichen Funktionserfüllung notwendige
Funktionsträger vorhanden sind". Die Beurteilung der Anpassungsfähigkeit muß sich also an dieser Eigenschaft orientieren. Bei
der Konzeption flexibler Fertigungssysteme werden diese Redundan-
zen über den Grad der gegenseitigen Ersetzbarkeit der integrierten Fertigungsmittel realisiert. Die Quantifizierung der Anpassungsfähigkeit eines flexiblen Fertigungssystems läßt sich somit über die Quantifizierung der gegenseitigen Ersetzbarkeit
aller integrierten Bearbeitungsstationen bewerkstelligen.

Hierzu ist es notwendig, die Schnittmengen der Arbeitsbereiche
aller Bearbeitungsstationen des Fertigungssystems zu ermitteln.
Dies ist eine kombinatorische Aufgabe, bei der aus einer vorgegebenen Menge von m-Elementen (Arbeitsbereiche der Maschinen)
Kombinationen von k-Elementen (Schnittmengen der Arbeitsbereiche)
zu bilden sind. Nach den Gesetzen der Kombinatorik ergeben sich
hierfür

$$\frac{m(m-1)(m-2)\ldots(m-k+1)}{k!} = \binom{m}{k}$$

Schnittmengen S_k. Verändert man k von 1 bis m, so ergeben sich
verschiedene Stufen der Ersetzbarkeit, die folgendermaßen beschrieben werden können:

k = 1 : Arbeitsbereiche der Einzelmaschinen

k = 2 : Arbeitsbereiche, die von mindestens zwei Maschinen
  bearbeitet werden können

⋮

k = m : Arbeitsbereich, der von allen Maschinen bearbeitbar ist.

Da die Anpassungsfähigkeit eines Fertigungssystems von dem Grad
der gegenseitigen Ersetzbarkeit abhängt, dürfen diejenigen Teil-
arbeitsbereiche, die nur einmal im System vorhanden sind nicht
in die Berechnung eingehen. Bei dem hier gewählten mengentheo-
retischen Ansatz bedeutet dies, daß im folgenden nur "echte"
Schnittmengen der Arbeitsbereiche von mindestens zwei Maschinen
betrachtet werden. Somit konzentriert sich die mathematische
Formulierung der Anpassungsfähigkeit auf die Berechnung derjeni-

gen Fertigungsalternativen, die ein Arbeitsgang über seine ursprünglich vorgesehene Bearbeitungsstation hinaus vorfindet.

Vereinigt man für jedes k=2,...,m die Schnittmengen S_k, so ergibt sich jeweils die Menge E_k der von mindestens k Maschinen bearbeitbaren Arbeitsgänge.

$$E_k = \bigcup_{k=2,\ldots,m} S_k$$

Nach dem mathematischen Ansatz existieren immer m-1 verschiedene Stufen der Ersetzbarkeit. Zur Beschreibung der Ersetzbarkeit eines flexiblen Fertigungssystems ist es notwendig, alle E_k zu ermitteln. Ergibt sich E_k als eine Nullmenge, so sind alle Schnittmengen höherer Ordnung ebenfalls Nullmengen.

Bezieht man die Mächtigkeit von E_k auf die Mächtigkeit der Menge A, so läßt sich damit ein Ersetzbarkeitsgrad k-ter Ordnung errechnen:

$$\varepsilon_k = \frac{\text{card } E_k}{\text{card } A}$$

Damit ist die gegenseitige Ersetzbarkeit im Fertigungssystem beschrieben. Die Diskussion von ε_k ergibt folgendes:

$\varepsilon_2 = 0$: Es existieren keine Arbeitsgänge, die auf mehr als einer Maschine abgearbeitet werden können

$\varepsilon_m = 1$: Jeder Arbeitsgang kann auf jeder Maschine bearbeitet werden

$0 < \varepsilon_k < 1$: Es existieren Teilmengen von Arbeitsgängen, $k = 2,\ldots,m$ die auf mindestens k Maschinen bearbeitbar sind.

Um die Kennzahl für die Anpassungsfähigkeit eines Fertigungssystems zu erhalten, ist es erforderlich, alle Ersetzbarkeitsgrade k-ter Ordnung in einer Kenngröße zusammenzufassen.

Die Ersetzbarkeitsgrade höherer Ordnung tragen mehr zur Anpassungsfähigkeit bei als solche niedrigerer Ordnung. Deshalb müs-

sen sie höher gewichtet werden. Nach der Definition von E_k sind
alle Schnittmengen höherer Ordnung in denen niedrigerer Ordnung
enthalten, so daß gilt:

$$E_k \subset E_{k-1} \dots \subset E_2 \subset E_1$$

Damit läßt sich sehr einfach ein gewichteter Mittelwert zur Quantifizierung der Anpassungsfähigkeit eines Fertigungssystems bilden:

$$\varepsilon = \frac{1}{m-1} \sum_{k=2}^{m} \varepsilon_k$$

Die Schnittmengen höherer Ordnung werden dabei durch eine Mehr-
fachzählung gewichtet.

ε ist eine Maßzahl, die diejenigen Fertigungsalternativen, die
ein Arbeitsgang im flexiblen Fertigungssystem vorfindet, bewertet. Da die Anpassungsfähigkeit eines Fertigungssystems von der
Anzahl vorhandener Fertigungsalternativen abhängig ist, gilt der
Schluß, daß sich die Flexibilität eines Fertigungssystems wie ε
verhält. Damit läßt sich die Anpassungsfähigkeit eines Fertigungssystems wie folgt beschreiben:

Ein Fertigungssystem kann sich um so besser an wechselnde Auftragsspektren anpassen, je mehr Fertigungsalternativen ein Arbeitsgang im System vorfindet. Dies bedeutet, daß mit zunehmendem ε die Anpassungsfähigkeit
eines Fertigungssystems steigt.

Für die Arbeitsgangterminierung ist die Anpassungsfähigkeit eines
Fertigungssystems von höchster Bedeutung, während die Vielseitigkeit eine Randbedingung darstellt, da sie schon bei der kon-
struktiven Auslegung des Fertigungssystems festgelegt ist. Deshalb sei im folgenden angenommen, daß bei vergleichenden Be-
trachtungen nur solche Fertigungssysteme mit gleicher Vielseitigkeit beurteilt werden. Damit wird die Anpassungsfähigkeit
zum entscheidenden Faktor zur Bewertung der Flexibilität eines
Fertigungssystems. ε wird deshalb als Grad der Anpassungsfähigkeit bezeichnet.

4.1.1.3 Zahlenbeispiel

Anhand eines einfachen Zahlenbeispiels soll die Flexibilität
zweier Fertigungssysteme mit gleicher Vielseitigkeit verglichen werden. Das System F 1 ist aus drei Maschinen, das System
F 2 aus vier Maschinen aufgebaut. Die Vielseitigkeit beider
Systeme wird mit u_{abs} = 10 angenommen.

<table>
<tr><td colspan="2">Beispiel: Vergleich der Flexibilität zweier Fertigungssysteme gleicher Vielseitigkeit</td></tr>
<tr><td>System 1</td><td>System 2</td></tr>
<tr>
<td>

Systemaufbau: 3 Maschinen

$F_{11} = \{1,2,3,4,5,6,7,8,9,10\}$

$F_{12} = F_{11}$

$F_{13} = \{2,4,5,6,7\}$

</td>
<td>

Systemaufbau: 4 Maschinen

$F_{21} = \{1,2,3,4,5,6,7,8,9,10\}$

$F_{22} = F_{21}$

$F_{23} = \{3,4,6,9\}$

$F_{24} = \{6,9\}$

</td>
</tr>
<tr>
<td>

$\varepsilon_{k=2} = 1,0 \quad \varepsilon_{k=3} = 0,5$

$\varepsilon_{r1} = 0,75$

</td>
<td>

$\varepsilon_{k=2} = 1,0 \quad \varepsilon_{k=3} = 0,4 \; ; \; \varepsilon_{k=4} = 0,2$

$\varepsilon_{F2} = 0,53$

</td>
</tr>
<tr><td colspan="2">$\varepsilon_{F1} > \varepsilon_{F2}$: System 1 ist flexibler als System 2</td></tr>
</table>

Bild 10: Zahlenbeispiel zur Berechnung der Flexibilität
         von Fertigungssystemen

In Bild 10 sind die Arbeitsbereiche F der Maschinen symbolisch
als Ziffernmengen dargestellt. Die Berechnung der Flexibilität
erbrachte folgendes Ergebnis:
Im ersten System kann ein Arbeitsgang über seiner ursprünglich
vorgesehenen Bearbeitungsstation hinaus noch von durchschnittlich 75 % der übrigen Kapazität des Gesamtsystems bearbeitet
werden. Dieser Wert beläuft sich beim zweiten System auf 53 %.
Deshalb ist das erste System flexibler als das zweite.

4.2 Aufbau- und Ablaufstrukturen flexibler
         Fertigungssysteme

Die im Fertigungssystem integrierten Fertigungsmittel prägen
dessen Aufbaustruktur. Die Ablaufstruktur hingegen wird von
der Art des Transport- und Speichersystems bestimmt.

4.2.1 Aufbaustrukturen flexibler Fertigungssysteme

Wie gezeigt wurde, ist die Anpassungsfähigkeit eines Fertigungssystems entscheidend von der gegenseitigen Ersetzbarkeit der integrierten Bearbeitungsstationen abhängig. Dabei unterscheidet man zwischen "sich ergänzenden", "sich ersetzenden" und "sich teilweise ersetzenden" Fertigungssystemen /41/. Wie Bild 11 zeigt, ist die Aufbaustruktur flexibler Fertigungssysteme dadurch charakterisiert.

Der Grad der Anpassungsfähigkeit von Fertigungssystemen mit ausschließlich sich ergänzenden Fertigungsmitteln ist Null. Deshalb können sich solche Fertigungssysteme an wechselnde Auftragsspektren nicht anpassen. Demgegenüber haben Fertigungssysteme mit sich ersetzenden Fertigungsmitteln den Grad der Anpassungsfähigkeit = 1 und besitzen damit die höchste Anpassungsfähigkeit an wechselnde Auftragsspektren.

Weil sich Produktivität und Flexibilität gegenläufig verhalten, werden überwiegend solche Fertigungssysteme konzipiert, in denen 4 bis 7 sich teilweise ersetzende Bearbeitungsstationen integriert sind /42/. Diese Aufbaustruktur ist deshalb für flexible Fertigungssysteme typisch.

Flexibilitätsgrad	sich ergänzende Fertigungsmittel	sich teilweise ersetzende Fertigungsmittel	sich ersetzende Fertigungsmittel
Übereinstimmung Arbeitsbereiche	$\varepsilon_F = 0$	$0 < \varepsilon_F < 1$	$\varepsilon_F = 1$
Eigenschaft	höchste Produktivität	ausreichende Flexibilität bei hoher Produktivität	höchste Flexibilität

Bild 11: Ausprägung der Ersetzbarkeit flexibler
 Fertigungssysteme

4.2.2 Ablaufstrukturen flexibler Fertigungssysteme

Die Ablaufstruktur flexibler Fertigungssysteme ist durch den örtlichen und zeitlichen Durchlauf der Werkstücke gekennzeichnet. Die möglichen Variationen bestimmen das Transport- und Speichersystem /43/.

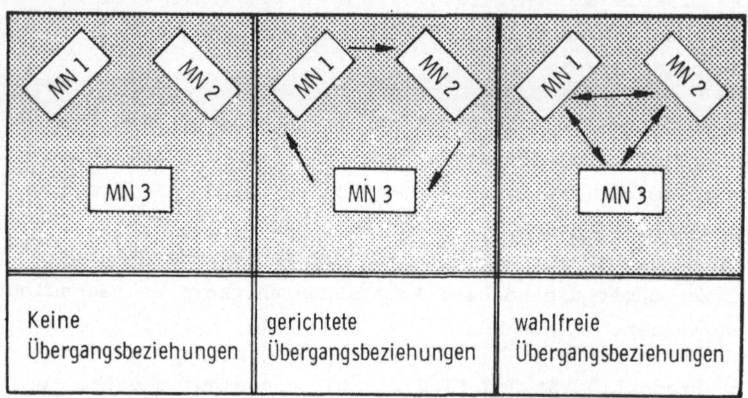

Bild 12: Art der Übergangsbeziehungen in flexiblen
         Fertigungssystemen

Das Merkmal "örtlicher Teiledurchlauf" beschreibt die Wegbedingungen im Fertigungssystem. Bild 12 zeigt die Ausprägungen dieses Merkmals. Sie reichen vom gerichteten Materialfluß von Maschine zu Maschine bis hin zum wahlfreien Materialfluß, bei dem ein Auftrag von jeder Maschine zu jeder anderen gelangen kann /44/.

Der zeitliche Teiledurchlauf ergibt sich aus der Stufigkeit der Fertigung sowie aus der Art der Losbearbeitung. Wird ein Auftrag auf nur einer Maschine bearbeitet, so entspricht dies einer e i n s t u f i g e n Fertigung. Demgegenüber wird bei einer m e h r s t u f i g e n Bearbeitung ein Auftrag auf mehreren Maschinen bearbeitet. Eine v a r i a b e l s t u f i g e Fertigung erlaubt sowohl die ein- als auch die mehrstufige Bearbeitung von Werkstücken. In Bild 13 wird die ein-, mehr- und variabelstufige Fertigung anhand eines einfachen Beispiels erläutert.

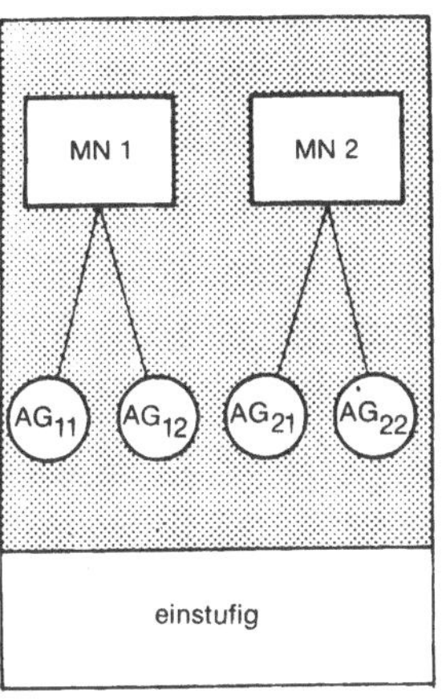

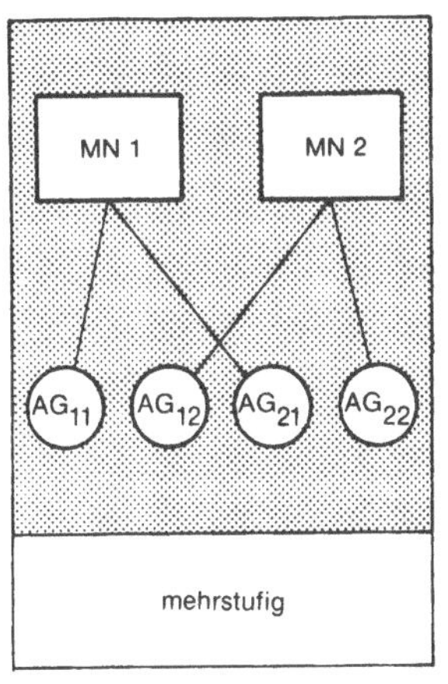

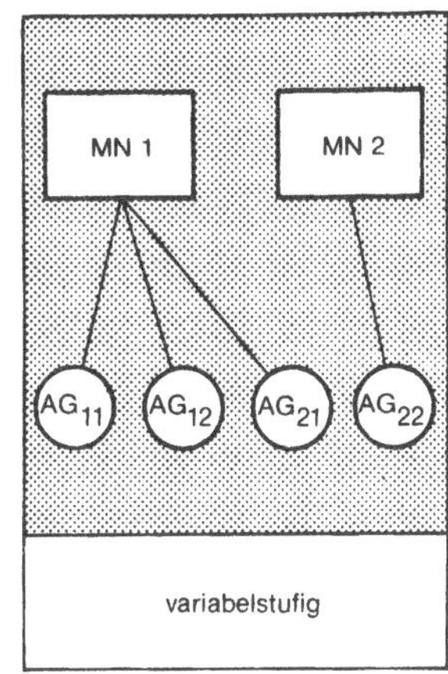

MN 1, MN 2 : Maschinennummer 1, 2

AG_{11}, AG_{12} : Arbeitsgänge des 1. Werkstücks

AG_{21}, AG_{22} : Arbeitsgänge des 2. Werkstücks

<u>Bild 13</u>: Stufigkeit der Fertigung

Die Auftragsabarbeitung eines Loses erfolgt nach drei Grund-
prinzipien:

Bei der L o s f e r t i g u n g wird ein Los erst dann zur Weiterbearbeitung freigegeben, wenn der aktuelle Arbeitsgang an allen Werkstücken des Loses abgeschlossen ist. In Bild 14 ist der
zeitliche Ablauf dieser Fertigungsart dargestellt.

Wie Bild 15 zeigt, wird bei der zweiten Form jedes Werkstück
nach dem Fertigungsvorgang sofort zur nächsten Bearbeitungsstation weitergegeben. Diese Fertigungsart wird als f l i e ß e n -
d e   F e r t i g u n g bezeichnet.

In Bild 16 ist der zeitliche Ablauf einer s t ü c k w e i s e n
Fertigung dargestellt. Diese ist durch die vollständige Bearbeitung eines Werkstücks auf einer Maschine gekennzeichnet.

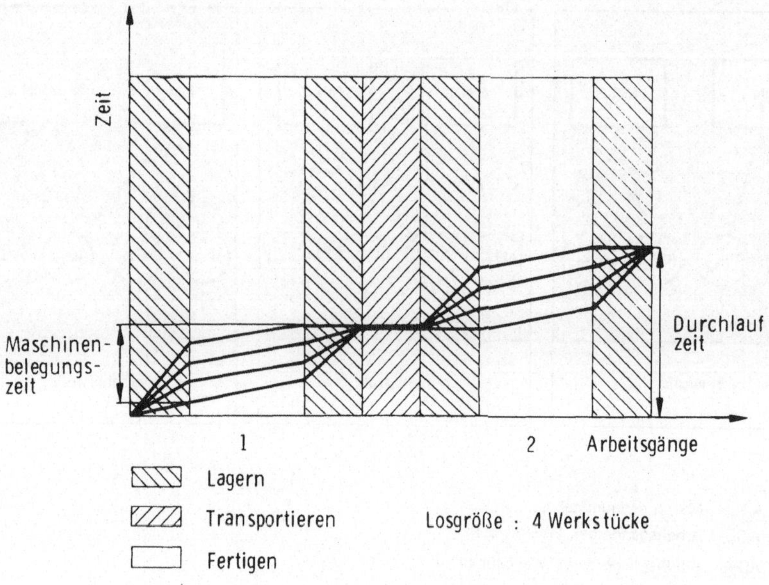

__Bild 14__: Zeitlicher Ablauf der Losfertigung

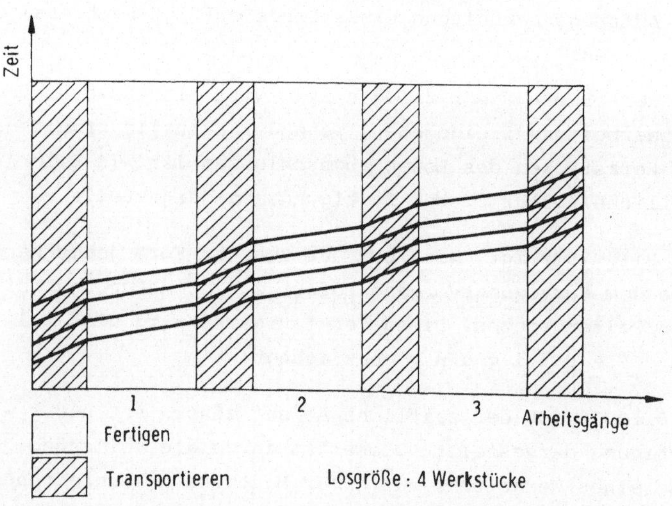

__Bild 15__: Zeitlicher Ablauf einer fließenden Fertigung

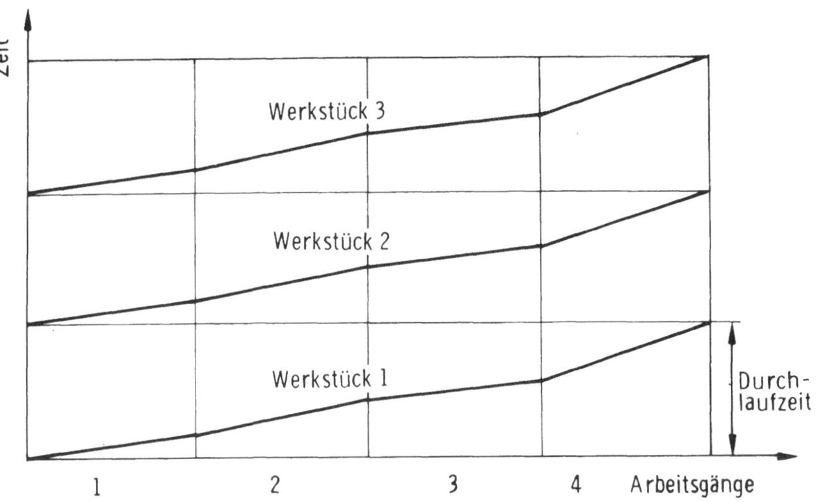

Bild 16: Zeitlicher Ablauf der stückweisen Fertigung

Nach /48/ ist die Ablaufstruktur der meisten Konzeptionen flexibler Fertigungssysteme dadurch gekennzeichnet, daß zwischen
den integrierten Fertigungsmitteln ein wahlfreier Werkstückfluß
möglich ist. In Verbindung mit "sich teilweise ersetzenden" Fertigungsmitteln ergibt sich für den typischen zeitlichen Fertigungsablauf im flexiblen Fertigungssystem eine variabelstufige
Fertigung, bei der kleine Lose bearbeitet werden.

4.3   Organisationstypen flexibler Fertigungssysteme

Der Organisationstyp einer Fertigung ergibt sich aus dem Zusammenwirken von zeitlichem und örtlichem Fertigungsablauf. In der
betriebswirtschaftlichen Literatur /49/ wird zwischen Werkstatt-,
Gruppen-, Linien-, Fließ- und Punktfertigung unterschieden.

Werkstatt- und Gruppenfertigung sind gekennzeichnet durch die
Funktions- bzw. objektorientierte Anordnung der Fertigungsmittel. Beiden gemeinsam ist der örtliche und zeitliche Fertigungsablauf. Bild 17 zeigt die Organisationstypen der Fertigung und
den Bereich, der von flexiblen Fertigungssystemen abgedeckt wird.

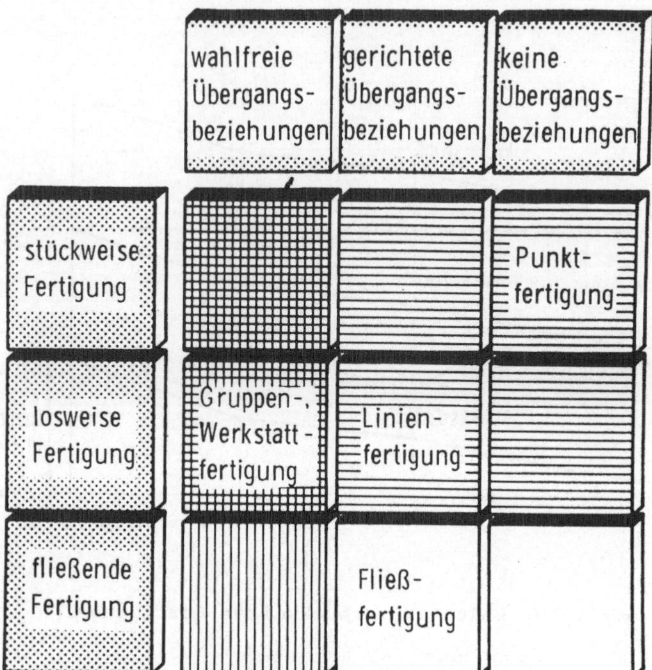

Bild 17: Organisationstypen flexibler Fertigungssysteme

Charakteristisch für flexible Fertigungssysteme ist demnach die Werkstattfertigung, wobei die Aufträge sowohl stückweise als auch losweise abgearbeitet werden können.

4.4   Repräsentativer Typ flexibler Fertigungssysteme

Aus dem Zusammenwirken von Aufbau- und Ablaufstruktur ergeben sich Typen flexibler Fertigungssysteme /42/.
Den Ausführungen in diesem Abschnitt zufolge, läßt sich der repräsentative Typ flexibler Fertigungssysteme folgendermaßen festlegen /46/:

- Die Aufbaustruktur besteht aus 4 bis 7 sich teilweise ersetzenden Fertigungsmitteln /45/.
- Die Ablaufstruktur weist wahlfreie Übergangsbeziehungen auf, wobei eine variabelstufige Fertigung möglich ist und die Aufträge sowohl losweise als auch stückweise bearbeitet werden können.

- Der Organisationstyp dieser Systeme entspricht weitgehend dem der Werkstattfertigung.

4.5 Planungsmerkmal der Reihenfolgeplanung bei der Werkstattfertigung

Charakteristisch für die Werkstattfertigung sind die vielen Transporte von Werkstatt zu Werkstatt bzw. von Bearbeitungsstation zu Bearbeitungsstation. Der meist stark verzweigte Materialfluß erfordert Zwischenlagerungen der Aufträge. Die Tragweite unterschiedlicher Reihenfolgeentscheidungen bei der Auftragsabarbeitung hängt wesentlich von der Varianz der Bearbeitungszeiten ab:

Je größer diese ist, desto mehr werden sich die Ergebnisse unterschiedlicher Reihenfolgeregelungen gegeneinander abheben.

Parallel hierzu tritt das Ablaufplanungsdilemma verstärkt auf, da infolge verschiedener Bearbeitungszeiten Wartezeiten unvermeidbar werden. Hieraus ist ersichtlich, daß das bestimmende Planungsmerkmal bei der Werkstattfertigung das Ablaufplanungsdilemma ist. Dies gilt umso mehr, je höher die geforderte Kapazitätsauslastung ist, da sich die Durchlaufzeit mit zunehmender Auslastung progressiv erhöht /50/. Aus Bild 18 ist ersichtlich, daß bei geringer Kapazitätsauslastung die Durchlaufzeit unabhängig von der Auslastung ist (Zone I). In der dritten Zone jedoch ist mit einer großen Erhöhung der Durchlaufzeit bei zunehmender Kapazitätsauslastung zu rechnen.

Der aufgezeichnete qualitative Verlauf der Durchlaufzeit als Funktion der Kapazitätsauslastung deutet an, daß eine maximale Kapazitätsauslastung zu einem unverhältnismäßig hohen Umlaufkapital führen kann. Eine kapitalintensive Fertigung fordert jedoch eine hohe Kapazitätsauslastung. Dann läßt sich die primäre Zielsetzung der Arbeitsgangterminierung bei flexiblen Fertigungssystemen folgendermaßen formulieren:

Die Abarbeitungsfolge der Aufträge ist so festzulegen, daß auch bei hohen Auslastungsgraden das Ablaufplanungsdilemma im Vergleich zur konventionellen Werkstattfertigung weniger ausgeprägt auftritt.

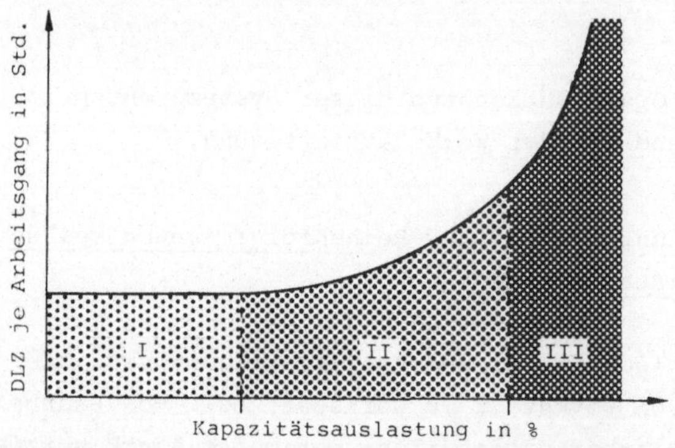

DLZ : Durchlaufzeit

I : DLZ ist unabhängig von der Kapazitätsauslastung

II : DLZ steigt unterproportional zur Kapazitätsauslastung

III : DLZ steigt überproportional zur Kapazitätsauslastung

Bild 18: Prinzipieller Verlauf der Durchlaufzeit bei Werkstattfertigung in Abhängigkeit der Kapazitätsbelastung /51/

5   ANFORDERUNGEN AN DIE ARBEITSGANGTERMINIERUNG BEI
         FLEXIBLEN FERTIGUNGSSYSTEMEN DES TYPS
         "WERKSTATTFERTIGUNG"

Aus der Zielsetzung durch den Einsatz flexibler Fertigungssysteme kleine Serien wirtschaftlich und automatisch zu fertigen,
lassen sich drei Anforderungsmerkmale festlegen:

- Anforderungen aufgrund eines notwendigen wirtschaftlichen Betriebs

- Anforderungen aufgrund des automatischen
  Fertigungsablaufes

- Anforderungen aufgrund der Flexibilität

5.1   Anforderungen aufgrund des wirtschaftlichen Betriebs

Wie im vorangegangenen Abschnitt gezeigt wurde, ist eine wirt-
schaftliche Fertigung auf kapitalintensiven Fertigungsmitteln
nur durch eine hohe Kapazitätsnutzung möglich. Dies läßt sich
mit einem Mehrschichtbetrieb realisieren. Der mehrschichtige Betrieb des flexiblen Fertigungssystems darf jedoch nicht zu einer
Schichtarbeit des Bedienpersonals führen. Als Folge hieraus er-
gäben sich erhöhte Personalkosten, die den Rationalisierungs-
effekt des Fertigungssystems aufheben könnten. Die Arbeitsgangterminierung muß demnach die Fertigungstermine der Aufträge so
festlegen, daß ein 3 / 1 - S c h i c h t - B e t r i e b möglich ist. Hierunter ist ein 3-schichtiger Betrieb des Fertigungssystems bei 1-schichtiger Bedienung durch das Personal zu
verstehen.

Die zeitliche Nutzung des Fertigungssystems wird durch Still-
standszeiten der Betriebsmittel eingeschränkt. Dabei sind

- Leerzeiten wegen organisatorischer Mängel und
- störungsbedingte Ausfallzeiten

zu unterscheiden.

Nutzungsverluste aufgrund organisatorischer Mängel entstehen durch Leerzeiten der Fertigungsmittel. Reichen die vorhandenen Aufträge für eine Auslastung des Systems aus, so sind auftretende lange Leerzeiten die Folgen einer mangelhaften Reihenfolgeplanung. Deshalb muß an die Arbeitsgangterminierung die Forderung gestellt werden, derartige Leerzeiten zu minimieren.

Die Erfüllung dieser Forderung wird bei flexiblen Fertigungssystemen dadurch erschwert, daß nur ein begrenztes Speicherplatzangebot zur Verfügung steht. Damit entfällt die Möglichkeit, durch Ausnutzung des Bestandseffekts eine hohe Kapazitätsauslastung zu erzielen, da sonst der Materialfluß im Fertigungssystem durch zu viel eingelastete Aufträge blockiert werden würde. Deshalb sind die Abarbeitungstermine für die einzuplanenden Aufträge so festzulegen, daß das Fertigungssystem mit w e n i g e n , g l e i c h z e i t i g   i m   S y s t e m   b e f i n d l i c h e n ,   A u f t r ä g e n   ausgelastet wird. Dies ist nur dann möglich, wenn auch bei hohen Auslastungsgraden kurze Durchlaufzeiten der Aufträge erreicht werden.

Ausfallzeiten entstehen dann, wenn im Fertigungssystem Störungen auftreten. Störausfälle sind auch bei hoher Zuverlässigkeit aller Systemkomponenten nicht auszuschließen und führen zu einer geringeren Verfügbarkeit des Fertigungssystems als in der Planungsphase angenommen worden ist. Insbesondere bei hohen Auslastungsgraden läßt sich dann das Planziel nur bedingt erfüllen.

Im Gegensatz zu einzelnen Bearbeitungsstationen können aber flexible Fertigungssysteme meist auch bei auftretenden Störungen mit eingeschränkter Leistung produzieren. Um die Ausfallkosten zu minimieren, genügt es deshalb nicht, die Störung schnellstmöglich zu beheben, sondern es muß auch versucht werden, für den Zeitraum der Störungsbehebung einen dem geänderten Systemzustand angepaßten Fertigungsablauf zu sichern. Dies erfordert eine schnelle Änderung des ursprünglich festgelegten Fertigungsprogramms, deren Ziel es sein muß, den gestörten Bereich des Fertigungssystems zu umfahren. Dadurch wird erreicht, daß das Fertigungssystem seine Produktion im Rahmen des technisch Möglichen aufrecht erhält. Die zu entwickelnde Methode der Arbeitsgangterminierung

muß deshalb neben den periodischen Neuplanungen auch für u n -
v o r h e r s e h b a r e   U m p l a n u n g e n   i m   S t ö -
r u n g s f a l l   einsetzbar sein.

In Bild. 19 sind die wesentlichen Anforderungen an die Arbeitsgangterminierung, die aus der Notwendigkeit eines wirtschaftlichen Betriebs resultieren, aufgeführt.

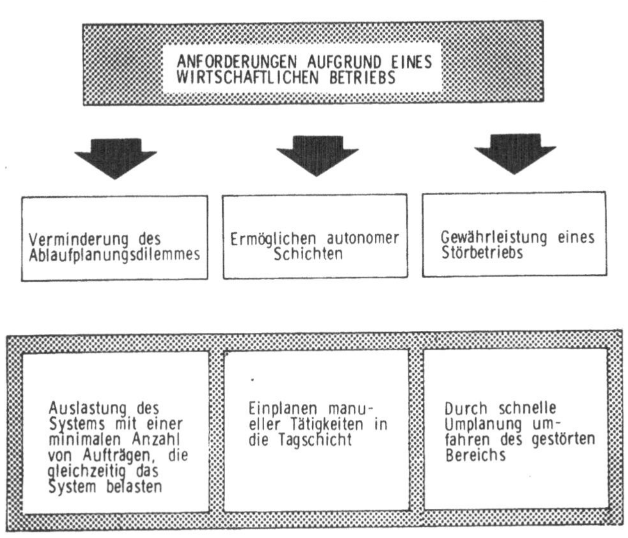

Bild 19: Anforderungen flexibler Fertigungssysteme an die
Arbeitsgangterminierung I

5.2 Anforderungen aufgrund des automatischen Fertigungsablaufs

Ein automatischer Fertigungsablauf ist nur dann zu verwirklichen,
wenn aus einem Programm Ort, Zeitpunkt und Art von durchzuführen-
den Bearbeitungsverfahren zu entnehmen sind. Dies bedeutet, daß
für jedes Werkstück ein Fertigungsablauf festgelegt sein muß. Im
Gegensatz zur konventionellen Fertigung genügt es bei flexiblen
Fertigungssystemen nicht, den Grobablauf festzulegen und die
Feinbelegung der Arbeitsverteilung zu überlassen. Vielmehr muß

das Fertigungsprogramm sämtliche Arbeitsgänge im Fertigungssystem ö r t l i c h   u n d   z e i t l i c h   exakt festlegen.
Dies erfordert eine höhere Determiniertheit des Planungsergebnisses der Arbeitsgangterminierung als es bei den heute bekannten Terminierungsmethoden der Fall ist.

Da der verlangte Feinheitsgrad des Planungsergebnisses nicht
die Flexibilität des Fertigungssystems beeinträchtigen darf,
kann die heute übliche sukzessive Reihenfolgeentscheidung in
zwei Stufen z.B. Belegungsplanung - Reihenfolgeermittlung nicht
angewandt werden. Hierbei geht man davon aus, daß die im Verlauf
der Belegungsplanung getroffene Entscheidung über den Fertigungsort auch für die Reihenfolgeplanung gültig ist. Weiterhin kann
diese Vorgehensweise nur dann angewandt werden, wenn in einem
Planungsvorgang jeweils nur ein Arbeitsgang eines Auftrags eingeplant wird. Beides gilt bei automatisierten flexiblen Fertigungssystemen nicht:

Eine sukzessive Reihenfolgeentscheidung legt sich schon sehr
früh auf eine Bearbeitungsstation für den einzuplanenden Arbeitsgang fest. Der automatische Fertigungsablauf verhindert
dann ein eventuell notwendiges Ausweichen bei der Reihenfolgeplanung.

Die zweite Randbedingung würde neben einer "Überfütterung" des
Fertigungssystems auch zu häufigen Ein- und Auslastungsvorgängen
führen. Dies behindert den Fertigungsfortschritt bei den bereits
angearbeiteten Aufträgen erheblich. Eine Methode der Arbeitsgangterminierung, die die Flexibilität des Fertigungssystems
nicht einschränkt und einen automatischen Betrieb ermöglicht,
muß deshalb in   e i n e m   P l a n u n g s v o r g a n g   sowohl die Belegungsplanung durchführen als auch die Arbeitsgang-
reihenfolge festlegen. Erst eine derartige simultane Belegungs-
und Reihenfolgeplanung ermöglicht es, mehrere Arbeitsgänge eines
Auftrages in einer Fertigungsperiode örtlich und zeitlich einzuplanen. Damit ist die Voraussetzung geschaffen, daß das Fertigungssystem dieses Programm automatisch abarbeiten kann.
Bild 20 zeigt die Anforderungen des automatischen Betriebs
flexibler Fertigungssysteme an die Arbeitsgangterminierung.

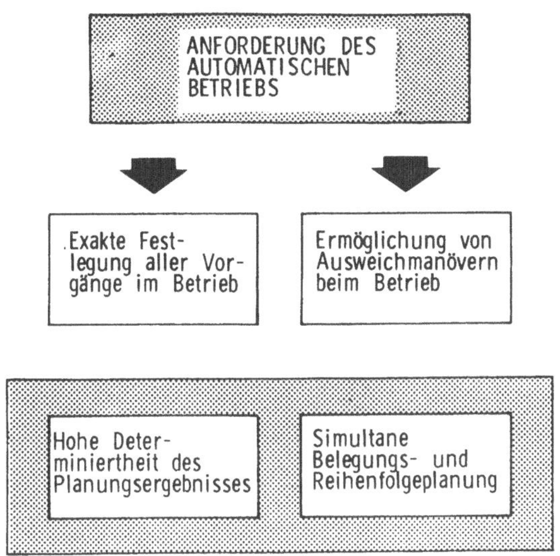

Bild 20: Anforderungen flexibler Fertigungssysteme an die
Arbeitsgangterminierung II

5.3 Anforderungen aufgrund der Flexibilität des Fertigungssystems

Die Flexibilität eines Fertigungssystems äußert sich in dessen
Fähigkeit, verschiedene Fertigungsaufgaben bewältigen zu können. Je breiter das bearbeitbare Werkstückspektrum ist, desto
stärker tritt das Ablaufplanungsdilemma hervor, weil mit grös-
seren Varianzen der Fertigungszeiten zu rechnen ist. Zudem ändert sich die Auftragszusammensetzung ständig, so daß nicht .
nach langfristig gültigen Fertigungsprogrammen gearbeitet werden kann.

Eine geeignete Terminierungsmethode muß deshalb in der Lage
sein, das Reihenfolgeproblem der Fertigung unter der Bedingung
wechselnder Auftragszusammensetzungen automatisch zu lösen.
Dies erfordert eine s c h n e l l e   R e a k t i o n s f ä -
h i g k e i t . Deshalb muß die Arbeitsgangterminierung die

technische Anpassungsfähigkeit eines Fertigungssystems über eine flexible Zuordnung von Maschinen zu Arbeitsgängen unterstützen. Dies ist nur dann möglich, wenn während eines Planungsvorgangs Fertigungsalternativen berücksichtigt werden können. Damit müssen im Verlauf der Arbeitsgangterminierung Entscheidungen getroffen werden, die bei konventionellen Terminierungsmethoden schon in den vorgelagerten, längerfristigen Planungsperioden getroffen worden sind. Die Arbeitsgangterminierung kann somit nicht von fest vorgegebenen Arbeitsabläufen ausgehen.

5.3.1   Möglichkeiten alternativer Maschinenbelegung bei der Arbeitsgangterminierung

Bild 21 zeigt, daß sich für Werkstücke mehrere Fertigungsalternativen ergeben können, die im folgenden als p l a n e r i - s c h e   F r e i h e i t s g r a d e bezeichnet werden. Grundsätzlich sind drei Arten von Ausweichmöglichkeiten zu unterscheiden, die sich aus der Zuordnung von Arbeitsgängen zu Maschinen und Terminen ableiten lassen. Durch die Zuordnung von Arbeitsgängen zu Maschinen entstehen die Freiheitsgrade:

- Ausweicharbeitsgänge und
- Ausweichmaschinen.

Der Freiheitsgrad

- alternative Arbeitsgangfolgen

ergibt sich aus der Notwendigkeit, die Abarbeitung der Arbeitsgänge terminlich festzulegen.

Unter A u s w e i c h a r b e i t s g ä n g e n werden Operationen verstanden, die den zunächst eingeplanten Arbeitsgang ersetzen. Ein Ausweicharbeitsgang führt dann zu einer Fertigungsalternative , wenn dieser von einem anderen Fertigungsmittel ausführbar ist. Eine A u s w e i c h m a s c h i n e ersetzt das ursprünglich vorgesehene Fertigungsmittel bezüglich des einzuplanenden Arbeitsgangs. Der Freiheitsgrad " a l t e r n a - t i v e   A r b e i t s g a n g f o l g e n " läßt sich aus technologisch voneinander unabhängigen Arbeitsgangfolgen ableiten. Durch Vertauschen solcher Arbeitsgänge bietet sich die Möglichkeit, für den einzuplanenden Auftrag eine Fertigungsalternative zu finden.

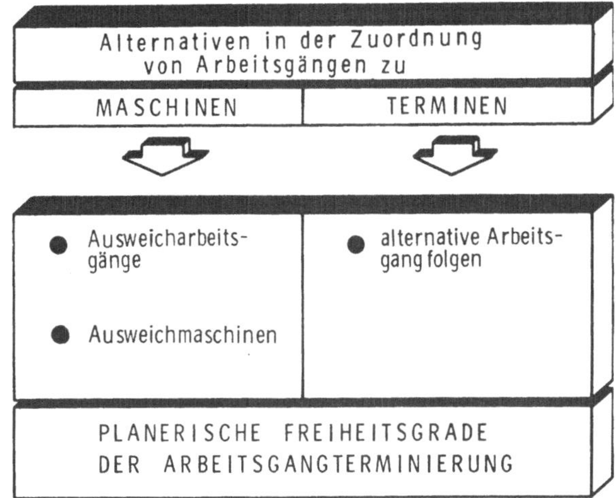

Bild 21: Planerische Freiheitsgrade der Arbeitsgangterminierung

Die beschriebenen Freiheitsgrade unterstützen dadurch den örtlichen Kapazitätsabgleich, daß Engpaßsituationen durch ein Ausweichen auf andere Fertigungsmittel beseitigt werden.

Aus den bisherigen Ausführungen wird deutlich, daß eine Terminierungsmethode nur dann für den repräsentativen Typ flexibler Fertigungssysteme geeignet ist, wenn sie in der Arbeitsgangterminierung die in Bild 22 dargestellten planerischen Freiheitsgrade berücksichtigt.

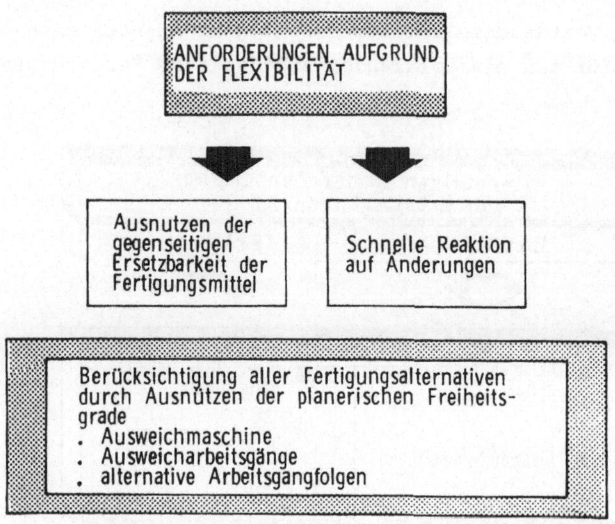

Bild 22: Anforderungen flexibler Fertigungssysteme an die
Arbeitsgangterminierung III

 ENTWICKLUNG EINER METHODE DER ARBEITSGANGTERMINIERUNG
FÜR FLEXIBLE FERTIGUNGSSYSTEME

6.1 Eignung bekannter Methoden der Arbeitsgangterminierung

Aus den beschriebenen Anforderungen flexibler Fertigungssysteme
an die Arbeitsgangterminierung läßt sich die Eignung bekannter
Terminierungsmethoden für die Problemlösung beurteilen:

Die begrenzte Lagerkapazität im Fertigungssystem läßt es nicht
zu, Methoden der Arbeitsgangterminierung einzusetzen, die den
Bestandseffekt ausnutzen. Somit sind die stochastischen Methoden der Arbeitsgangterminierung für flexible Fertigungssysteme
nicht geeignet. Deterministische Methoden müssen ebenfalls ab-
gewiesen werden, da sie einerseits mit unrealistischen Annahmen
(z.B. zeitlosen Übergängen von Maschine zu Maschine) arbeiten
und andererseits einen unvertretbar hohen Rechenaufwand erfordern.

Die Simulationstechnik setzt eine eindeutige Beschreibung der
Fertigungsabläufe voraus. Wie gezeigt worden ist, schränken der-
artig starre Fertigungsabläufe die Flexibilität des Fertigungssystems ein. Damit wird aber die Forderung nach Erhaltung der
Flexibilität des Fertigungssystems nicht erfüllt, so daß das
Problem der Arbeitsgangterminierung bei flexiblen Fertigungssystemen auch mit der Ablaufsimulation nicht befriedigend zu
lösen ist.

Prioritätsregeln erfüllen von den bekannten Methoden die für
die praktische Anwendung gestellte Forderung nach geringem
Aufwand am besten. Untersuchungen /26/ haben gezeigt, daß mit
Prioritätsregeln Abarbeitungsreihenfolgen bestimmt werden können, die die gesetzten Ziele zufriedenstellend erfüllen.

6.1.1 Wirkungsweise von Prioritätsregeln bei flexiblen Fertigungssystemen

Die unterschiedlichen Prioritäten der Aufträge entscheiden über die Abarbeitungsfolge der vor einem Fertigungsmittel wartenden Aufträge. Auf diese Weise werden Konkurrenzsituationen gelöst. Prioritätsregeln wirken also nur dann, wenn im Fertigungsablauf Engpässe entstehen, bei denen mehrere Aufträge um eine Bearbeitungsstation konkurrieren. Mit zunehmender Flexibilität in der Fertigung treten solche Situationen seltener auf, da sich die Wahrscheinlichkeit erhöht, Fertigungsalternativen zu finden. Entsprechend verwischen sich die Auswirkungen unterschiedlicher Prioritätsregeln mit zunehmender Flexibilität. Diese Aussage wird durch Untersuchungen bestätigt /51,52,53/, deren Ergebnisse hinsichtlich einer alternativen Maschinenzuordnung wie folgt zusammengefaßt werden können:

"Es wird eine außergewöhnliche Reduzierung der mittleren Durchlaufzeit, der Anzahl der Aufträge und Verspätungen erreicht. Eine besondere Wirksamkeit bei Engpässen ist zu verzeichnen. Mit zunehmender Flexibilität in der Zuordnung verwischen sich jedoch Unterschiede zwischen den Prioritätsregeln /15/."

Aufgrund dieser Aussage liegt der Schluß nahe, daß auch Prioritätsregeln für die Arbeitsgangterminierung mit flexibler Maschinenzuordnung ungeeignet sind, weil die Wirkungsweise verschiedener Prioritätsregeln vorgegebenen Zielfunktionen nicht mehr eindeutig zuordenbar ist. Dies gilt dann, wenn mit Hilfe von arbeitsgangbezogenen Prioritäten die Aufträge gewichtet werden. Hier muß eine umfassende Strategie, nach der alle Aufträge gleich behandelt werden, die Prioritätsregeln ersetzen.

Im kurzfristigen Bereich der Arbeitsgangterminierung bei flexiblen Fertigungssystemen verlagert sich mit zunehmender Flexibilität der Aufgabenschwerpunkt von der Bestimmung der Abarbeitungsreihenfolge an einer Maschine hin zur Ermittlung der optimalen Fertigungsalternativen. Dieses Optimierungsproblem ist mit Prioritätsregeln befriedigend zu lösen.

Im Verlauf der Arbeitsgangterminierung sind neben den Arbeits-
gangterminen auch die Einschleustermine der Aufträge festzulegen. Da aus Aufwandsgründen analytische Methoden entfallen,
müssen auch hier Prioritätsregeln über die Einlastreihenfolge
der Aufträge entscheiden. Diese Auftragsprioritäten sind für
die Arbeitsgangterminierung Eingangsgrößen, die von der betrieblichen Kapazitätsterminierung vorgegeben werden.

Die zu entwickelnde Methode der Arbeitsgangterminierung muß
folgende Eigenschaften besitzen:

- Ermittlung von bestmöglichen Fertigungsalternativen
  mit Hilfe von Prioritätsregeln unter Ausnützung der
  planerischen Freiheitsgrade

- Erstellen eines Fertigungsprogramms nach einer für
  alle Aufträge gültigen Strategie.

6.2 Notwendige Form der Eingangsgrößen

Die Berücksichtigung der planerischen Freiheitsgrade bestimmt
die Form der Eingangsgrößen. Insbesondere ist es notwendig, die
werkstück- und kapazitätsspezifischen Eingangsgrößen so zu ge-
stalten, daß im Verlauf der Arbeitsgangterminierung Informationen über Fertigungsalternativen vorliegen.

Betrachtet man die planerischen Freiheitsgrade im Hinblick auf
ihre Abhängigkeit von der Technologie des Fertigungsvorgangs,
so ergibt sich der in Bild 23 dargestellte Sachverhalt. Hieraus
ist zu entnehmen, daß der Freiheitsgrad "Ausweichmaschine" vom
Systemaufbau allein bestimmt wird. Dagegen lassen sich alternative Arbeitsgangfolgen aus der Geometrie und Technologie
eines Werkstücks ableiten. Dieser Freiheitsgrad ist also werkstückabhängig. Gegenüber diesen beiden Freiheitsgraden lassen
sich Ausweicharbeitsgänge nur durch eine Analyse der werkstückabhängigen Technologie und der im System vorhandenen qualita-
tiven Kapazität ermitteln. Der Freiheitsgrad "Ausweicharbeitsgang" ist deshalb sowohl system- als auch werkstückabhängig.

Die werkstückabhängigen Freiheitsgrade erfordern unterschiedliche Arbeitspläne. Somit wird deutlich, daß eine Arbeitsgang-

terminierung mit planerischen Freiheitsgraden nur dann möglich
ist, wenn in den verfügbaren Arbeitsplänen die vorhandenen Fertigungsalternativen gespeichert sind. Prinzipiell bestehen hierfür zwei Realisierungsmöglichkeiten:

1. Ein universeller Arbeitsplan enthält alle Fertigungs-
    alternativen eines Werkstücks.

2. Für jede Fertigungsalternative wird ein spezieller
    Arbeitsplan erstellt.

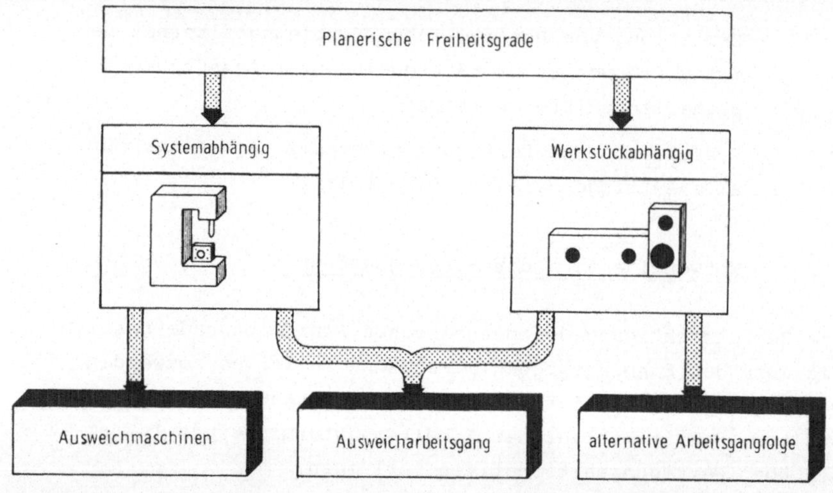

Bild 23: Abhängigkeit der planerischen Freiheitsgrade

Eine Arbeitsgangterminierung auf der Grundlage von Ausweichar-
beitsplänen ist mit einem hohen organisatorischen Aufwand verbunden, da Engpaßsituationen nur durch Ausweichen auf einen Al-
ternativarbeitsplan beseitigt werden können. Dies gefährdet
aber den bisherigen Planungsstand, was dazu führen kann, daß
neu entstehende Engpässe eine Kettenreaktion (Neuplanung -
Engpaß - Neuplanung...) auslösen können. Dadurch wird ein ab-
schließendes Planungsergebnis entweder verhindert oder nur mit
einem unverhältnismäßig hohen Aufwand möglich.

Besser eignet sich der universelle Arbeitsplan, aus dem in Abhängigkeit des Systemzustandes der aktuelle Arbeitsplan gene-

riert wird. Da ein universeller Arbeitsplan sämtliche Ausweicharbeitsgänge und alternative Arbeitsgangfolgen beinhalten muß, stellt er das Abbild der Arbeitsgangstruktur eines Werkstücks dar. Deshalb wird ein solcher Universalarbeitsplan im folgenden als S t r u k t u r a r b e i t s p l a n bezeichnet.

6.2.1   Aufbau der Strukturarbeitspläne

Eine wenig zeitaufwendige Engpaßbeseitigung in der Arbeitsgangterminierung ist dann möglich, wenn ein Abweichen vom vorgesehenen Arbeitsplan wenig Folgeänderungen nach sich zieht. Dieser Aufwand wird dann kleiner, wenn der Entscheidungsumfang bei notwendigen Änderungen eingeschränkt wird.

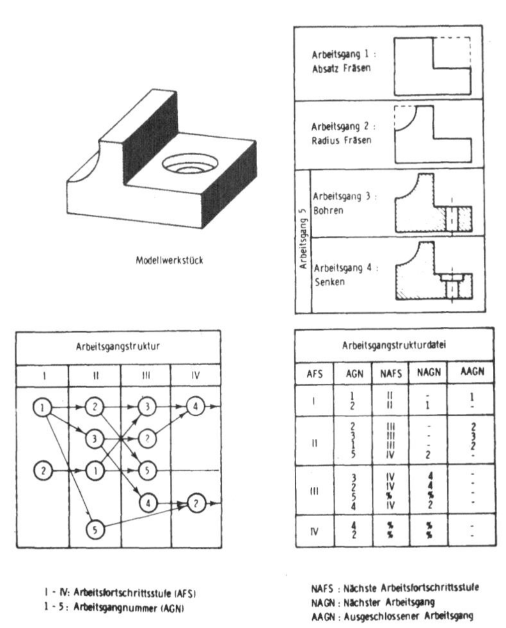

Bild 24: Arbeitsgangstruktur eines Modellwerkstücks

Wie Bild 24 anhand eines Modellwerkstücks zeigt, setzen sich
Strukturarbeitspläne aus einzelnen Arbeitsfortschrittsstufen
zusammen. Die Unterteilung wird aufgrund des für jedes Werkstück
fertigungstechnisch idealen Fertigungsablaufes vorgenommen. Die
jeweilige Arbeitstiefe dieser "idealen Arbeitsgänge" werden als
Arbeitsfortschrittsstufen definiert. In diesen sind sämtliche
Ausweicharbeitsgänge des als ideal angesehenen Arbeitsgangs aufgeführt. Alternative Arbeitsgangfolgen werden dadurch berücksichtigt, daß sie in mehreren Arbeitsfortschrittsstufen enthalten sind. Hat ein Arbeitsgang keinen zwingend folgenden, so
wird als nächster Arbeitsgang die gesamte folgende Arbeitsfortschrittsstufe genannt. Innerhalb dieser kann dann nach einer vorgegebenen Zielfunktion der günstigste Arbeitsgang ausgewählt
werden. Technologisch abhängige Arbeitsgangfolgen sind als eine
Adresskette dargestellt.

Diese strukturierte Arbeitsplanform ist für eine flexible Arbeitsgangterminierung deshalb geeignet, weil hiermit die Freiheitsgrade "alternative Arbeitsgangfolge" und "Ausweicharbeitsgänge" so erhalten bleiben, daß diese jederzeit in den Planungsvorgang einbezogen werden können.

6.2.2   Kapazitätsspezifische Eingangsgrößen

Die Systemkapazität wird im allgemeinen mit Hilfe von Modellen
beschrieben, in denen die Eigenschaften der im Fertigungssystem vorhandenen Bearbeitungsstationen abgebildet werden. Als
besonderer Nachteil dieser Methode ist die Starrheit solcher
Modelle zu nennen, da mit ihnen jeweils nur ein bestimmtes Fertigungssystem beschrieben werden kann. Ändern sich die Eigenschaften einer Systemkomponente oder des Gesamtsystems, so muß
neben der neuen Aufgabenbeschreibung auch die Systembeschrei-
bung geändert werden.
Im Interesse einer anpassungsfähigen Methode der Arbeitsgangterminierung wird hier die Kapazität des Fertigungssystems in-
direkt über die technologischen Anforderungen des Werkstückspektrums beschrieben. Dies geschieht dadurch, daß man für jeden Arbeitsgang alle geeigneten Maschinen notiert. Auf diese

Weise wird der systemabhängige Freiheitsgrad "Ausweichmaschine"
berücksichtigt. Gleichzeitig erreicht man, daß schon bei der
Erstellung der Strukturarbeitspläne sowohl die Aufbau- und Ablaufstruktur des Fertigungssystems nachgebildet wird. Änderungen
in der Systemkapazität können dadurch leicht nachvollzogen werden, daß die Zuordnung der Arbeitsgänge zu den Maschinen neu
definiert wird.

6.3 EDV-gerechte Aufbereitung der Eingangsgrößen

Wie eingangs beschrieben wurde, ist eine befriedigende Lösung
des Problems der Fertigungssteuerung bei flexiblen Fertigungssystemen nur unter Einsatz von EDV-Anlagen möglich.

Die kurzfristige Planungsphase der Arbeitsgangterminierung steht
unter dem Zwang, ein sehr genaues Planungsergebnis in einem
äußerst kurzen Zeitraum zu erstellen. Die Erfüllung dieser An-
forderung setzt voraus, daß der Datenverarbeitung kurze Zu-
griffszeiten zu den gespeicherten Strukturarbeitsplänen ermöglicht werden.

Weiterhin muß eine hohe Transparenz des Belegungszustandes des
Fertigungsmittels gewährt sein, damit Engpaßsituationen sofort
erkannt und mit Hilfe der Freiheitsgrade beseitigt werden können. Diese datentechnischen Anforderungen lassen sich mit einer
Datenorganisation lösen, bei der mehrere Einzeldateien über ein
geeignetes Adressiersystem miteinander verbunden sind. Eine derartige Konzeption bietet darüber hinaus noch den Vorteil, daß
der Änderungsdienst problemlos wird, da Änderungen nur an einer
Stelle durchzuführen sind.

Der Aufbau dieser Dateien orientiert sich zweckmäßigerweise an
ihren Informationsinhalten. Deshalb bietet es sich an, die
werkstückbeschreibenden Größen von den kapazitätsbeschreibenden
Größen zu trennen. Weiterhin ist darauf zu achten, daß man Daten, die laufend aktualisiert werden müssen, von den fixen
Stammdaten trennt und dadurch eine übermäßige Beanspruchung des
Arbeitsspeichers vermeidet. Diese beiden Gesichtspunkte führen
zu folgenden vier Dateien:

- Arbeitsgangdatei
- Arbeitsgangstrukturdatei
- Kapazitätsdatei
- Belegungsdatei

6.3.1 Aufbau und Inhalt der Arbeitsgangdatei

In der Arbeitsgangdatei werden sämtliche im System durchzuführ-
renden Arbeitsgänge durch eine fortlaufende Kennummer identifi-
ziert. Wie Bild 25 zeigt, enthält ein Arbeitsgangsatz alle Informationen, die zur Abarbeitung des Arbeitsgangs notwendig sind.
In der Arbeitsgangdatei wird von der konventionellen Zuordnung
"Arbeitsplan - Werkstück" abgewichen. In ihr sind über das gesamte Werkstückspektrum hinweg alle Arbeitsgänge gespeichert.
Die Zuordnung der Arbeitsgänge zu Maschinen geschieht durch ein
Adressenfeld, in dem alle geeigneten Maschinen aufgeführt sind.
Hier wird deutlich, wie die indirekte Beschreibung der Struktur
des Fertigungssystems realisiert wird.

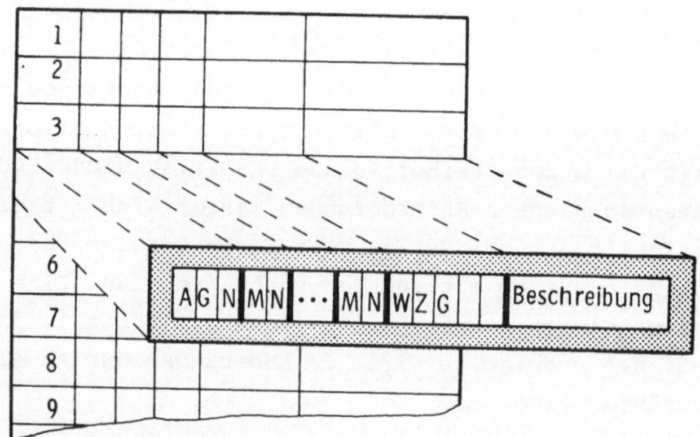

AGN : **Arbeitsgangnummer**
MN : Maschinen-Nummer
WZG: Nummer des Werkzeugsatzes

__Bild 25:__ Aufbau der Arbeitsgangdatei

6.3.2   Aufbau und Inhalt der Arbeitsgangstrukturdatei

In der Arbeitsgangstrukturdatei sind die Strukturarbeitspläne
derjenigen Werkstücke gespeichert, die im flexiblen Fertigungssystem gefertigt werden können. Sie hat einen hierarchischen
Aufbau, der durch die Rangfolge "Strukturarbeitspläne - Arbeitsfortschrittsstufen - Arbeitsgänge" vorgezeichnet ist. Entsprechend gliedert sich diese Datei in Blöcke, die jeweils den
Strukturarbeitsplan eines Werkstücks enthalten. Diese Blöcke
sind in Gruppen unterteilt, in denen die Daten einer Arbeitsfortschrittsstufe gespeichert sind. Es sind dies die Kennummern
aller Arbeitsgänge, die in der entsprechenden Arbeitsfortschrittsstufe beginnen. Entsprechend der Arbeitsgangstruktur
des betreffenden Werkstücks verbindet eine Adresskette technologisch abhängige Arbeitsgänge direkt. Existieren Ausweicharbeitsgänge bzw. alternative Arbeitsgangfolgen, so verweist die Adresskette auf die nächste Arbeitsfortschrittsstufe, von der dann die
aufgeführten Arbeitsgänge zur Anwendung kommen können. Aus Bild
26 ist ersichtlich, daß die Arbeitsgangstrukturdatei eine reine

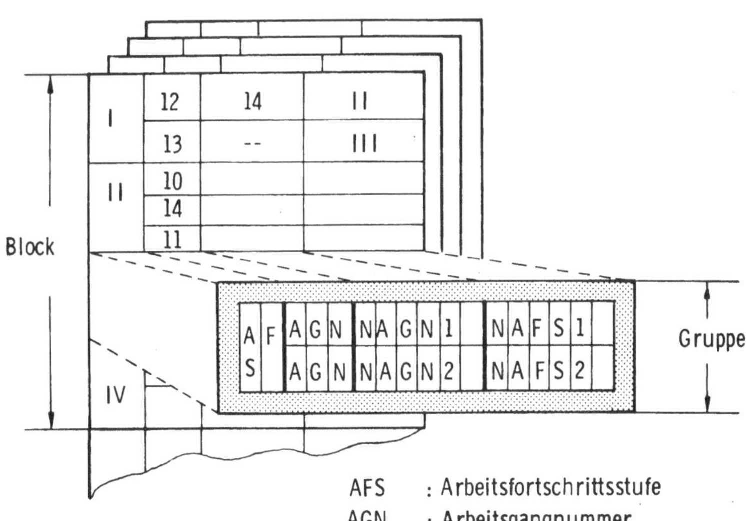

Bild 26: Aufbau der Arbeitsgangstrukturdatei

Adressdatei ist, wobei die Kennummern der Arbeitsgänge den Arbeitsgangnummern in der Arbeitsgangdatei entsprechen.

6.3.3   Aufbau und Inhalt der Kapazitätsdatei

Die Kapazitätsdatei stellt ein Abbild der im Fertigungssystem integrierten Bearbeitungsstationen dar. Aus Bild 27 ist zu entnehmen, daß sie sich in zwei Teildateien gliedert. Erstere setzt sich aus den Belegungsfeldern für jedes Fertigungsmittel zusammen, in denen eingetragen wird, wieviel Kapazität ein Auftrag auf der entsprechenden Maschine bindet. Aus diesen Belegungsfeldern ist also jederzeit der Systemzustand ablesbar. Der zweite Teil der Kapazitätsdatei enthält maschinenspezifische Kenndaten, die eine differenzierte Betrachtung der integrierten Fertigungsmittel im Hinblick auf ihren wirtschaftlichen Einsatz erlauben. Dadurch wird es möglich, im Verlauf der Arbeitsgangterminierung aus den Fertigungsalternativen diejenige auszuwählen, die eine vorgegebene Zielfunktion am besten erfüllt.

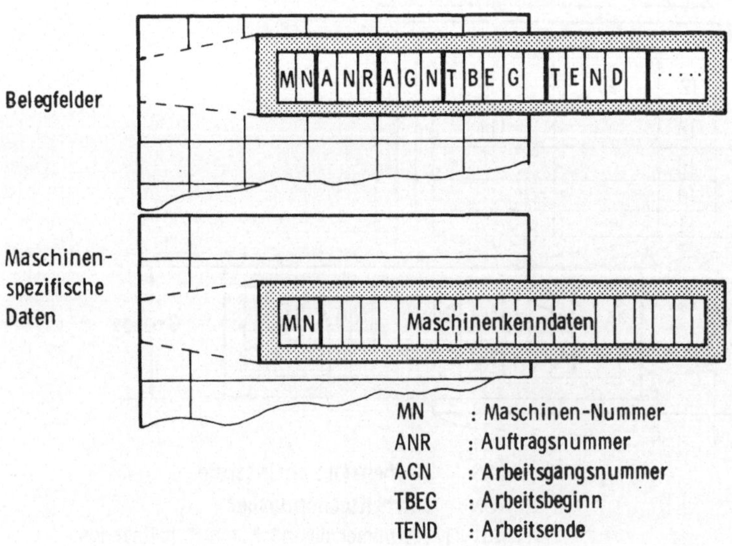

Bild 27: Aufbau der Kapazitätsdatei

6.3.4 Aufbau und Inhalt der Belegungsdatei

Der Zeitbedarf eines Arbeitsgangs wird in der Belegungsdatei
gespeichert. Sie stellt die endgültige Verbindung zwischen den
werkstückbeschreibenden Dateien und der Kapazitätsdatei her.
Entsprechend dem Aufbau einer Matrix beinhalten die Elemente
(i,k) die Arbeitsgangzeit des Arbeitsgangs i auf der Maschine k.
Der Inhalt eines Speicherelements enthält also "Normzeiten", die
den Zeitbedarf angeben, der zur Durchführung eines Arbeitsgangs
an einem Werkstück benötigt wird. Multipliziert man diesen Betrag mit der Losgröße, so ergibt sich der Kapazitätsbedarf,
den der anstehende Auftrag auf der vorgesehenen Maschine benötigt. Bild 28 zeigt den Aufbau dieser Datei. Die Zeilen-Nummer
entspricht der Kennummer des Arbeitsgangs in der Arbeitsgangdatei. Es ist ersichtlich, daß der Freiheitsgrad "Ausweichmaschine" dadurch erhalten bleibt, daß in einer Zeile die Arbeits-
gangzeiten aller technisch möglichen Fertigungsalternativen
aufgeführt sind.

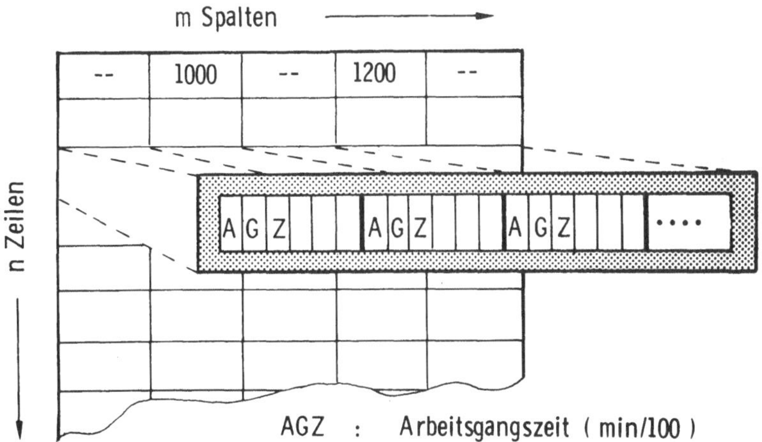

Bild 28: Aufbau der Belegungsdatei

6.4 Das Programmsystem ATEX zur Arbeitsgangterminierung bei flexiblen Fertigungssystemen

Das Programm ATEX (Arbeitsgangterminierung bei flexiblen Fertigungssystemen) baut auf dem beschriebenen Dateiensystem auf und gliedert sich in drei Teile:

- Der Einleseteil bestimmt die zu fertigenden Aufträge und bereitet die werkstück- und systembeschreibenden Daten auf.
- Der Verarbeitungsteil führt die Arbeitsgangterminierung durch
- Der Ausgabeteil stellt das ermittelte Fertigungsprogramm dem steuernden Anteil der Fertigungssteuerung zur Verfügung.

6.4.1 Aufgabe und Aufbau des Einleseteils

Aufgabe des Einleseteils ist es, zunächst aus der Arbeitsgangstrukturdatei die Strukturarbeitspläne derjenigen Aufträge zu ermitteln, die in der folgenden Fertigungsperiode zu fertigen sind. Dieses Auftragsvolumen übernimmt ATEX von dem vorausgegangenen Planungsschritt des funktionalen Kapazitätsabgleichs /56/. Anschließend wird eine aktuelle Arbeitsgangdatei erstellt, die alle Arbeitsgänge des Auftragsvolumens enthält. Im dritten Schritt werden die Aufträge zunächst entsprechend ihrer vorgegebenen Auftragspriorität gewichtet. Um der Forderung nach einem 3/1-Betrieb gerecht zu werden, wird für jeden Auftrag ein Einlastfaktor ermittelt. Dieser entscheidet, welche Aufträge in den beiden autonomen Spätschichten bearbeitet werden. Hierbei wird nach der von /8/ vorgeschlagenen Prioritätsregel verfahren:

Mit dem Ziel, in der Tagschicht möglichst viele Aufträge abarbeiten zu können, werden in dieser die Aufträge mit geringen Gesamtbearbeitungszeiten bevorzugt eingeplant. Während den beiden Nachtschichten sind Auf- bzw. Abspannvorgänge nicht möglich. Um trotz einer begrenzten Lagerkapazität eine hohe Kapazitätsauslastung zu erreichen, dürfen in dieser Zeit nur

Aufträge mit langen Bearbeitungszeiten bearbeitet werden. Deshalb werden in den beiden Nachtschichten die Aufträge nach langen Bearbeitungszeiten geordnet.

Überlagert man dieser Unterteilung die extern vorgegebenen Auftragsprioritäten, so ergibt dies die Einlastfaktoren. Hiermit stehen dem Verarbeitungsteil alle werkstückspezifischen Angaben zur Verfügung. Gleichzeitig wird erreicht, daß das Terminierungsprogramm nicht durch Daten von solchen Aufträgen belastet wird, die in der folgenden Fertigungsperiode nicht bearbeitet werden. Bild 29 zeigt die Aufgaben des Einleseteils.

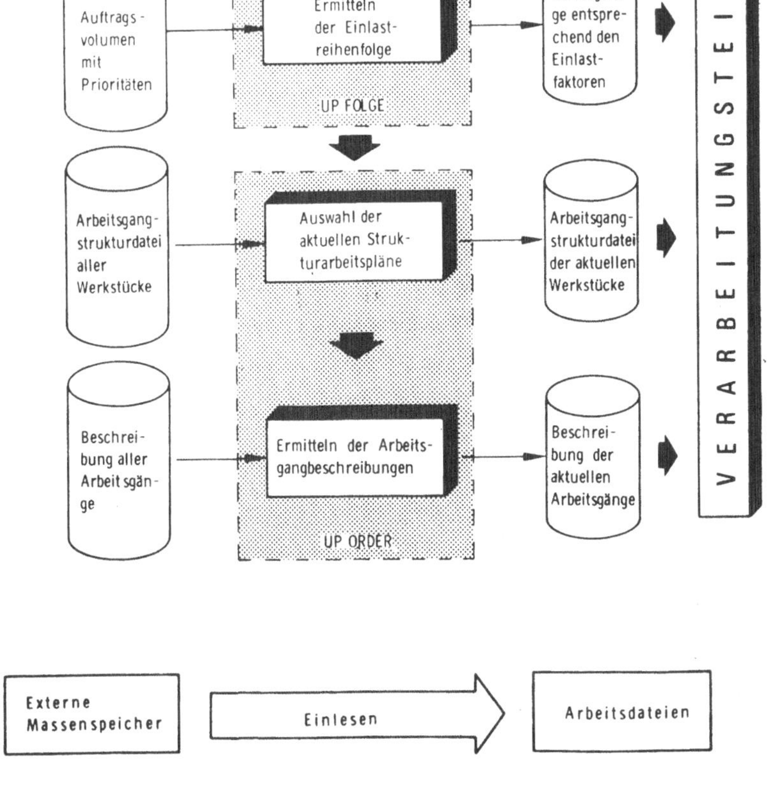

Bild 29: Aufgaben des Einleseteils des Programms ATEX

6.4.2   Aufbau und Aufgabe des Verarbeitungsteils

Das Hauptprogramm übernimmt die eingelesenen Daten und ermittelt das Fertigungsprogramm für die nächste Fertigungsperiode. Dieses wird in den Ergebnisdateien gespeichert und dem Ausgabeteil übergeben (Bild 30).

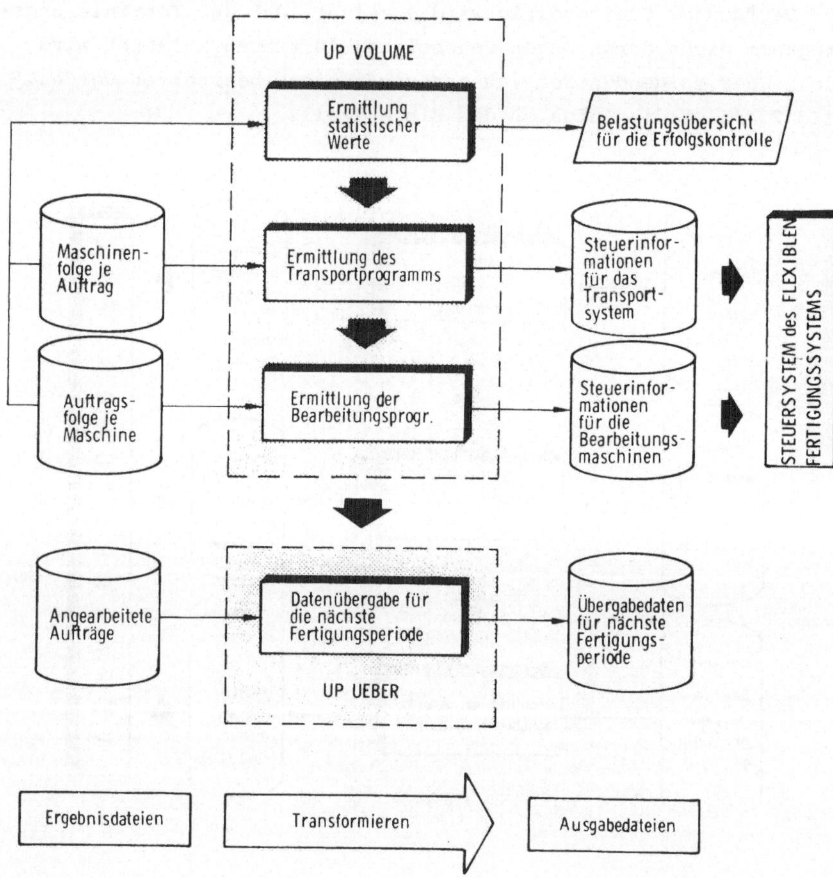

Bild 30: Aufgaben des Hauptprogramms

Bild 31 zeigt die Verknüpfung der Arbeitsdateien durch das Hauptprogramm. Die Beschreibung eines einfachen Einplanungsvorgangs soll dies verdeutlichen:

Das Programm entnimmt der Arbeitsgangstrukturdatei die Adresse des ersten vorgesehenen Arbeitsgangs und sucht den betreffenden Arbeitsgangsatz in der Arbeitsgangdatei auf. Die dort enthaltene Nummer der geeigneten Maschine weist auf die zugeordnete Arbeitsgangdauer in der Belegungsdatei hin. Die Belegungszeit wird zum aktuellen Zeitpunkt addiert und in das Belegungsfeld der entsprechenden Maschine in der Kapazitätsdatei eingetragen. Für diesen Zeitraum bleibt die ausgewählte Maschine für weitere Belegungen gesperrt. Nach erfolgter Einplanung entnimmt das Programm den nachfolgenden Arbeitsgang wiederum der Arbeitsgangstrukturdatei. Ist eine vorgesehene Maschine zum Planungszeitpunkt belegt oder gestört, muß der entstandene Engpaß abgebaut werden. Durch Abfrage der einzelnen Freiheitsgrade wird eine Fertigungsalternative gefunden, die im aktuellen Planungszeitraum eine andere Maschine belegt.

Die Ermittlung der nächsten Bearbeitungsaufgabe kann nach verschiedenen Strategien erfolgen. Grundsätzlich sind zwei Strategien zu unterscheiden: die erste plant alle Arbeitsgänge eines Auftrags hintereinander ein, bevor der erste Arbeitsgang des nächsten Auftrags eingeplant wird. Diese Vorgehensweise wird als a u f t r a g s w e i s e Einplanungsstrategie bezeichnet. Demgegenüber werden bei den a r b e i t s g a n g w e i s e n Einplanungsstrategien zunächst von allen Aufträgen je ein Arbeitsgang eingeplant, bevor im nächsten Zyklus der nächste Arbeitsgang eingeplant wird. Nach der Art der Ereignissteuerung läßt sich diese Strategie in zwei Versionen einteilen. Die m a s c h i n e n o r i e n t i e r t e Version leitet den nächsten Planungsschritt dann ein, wenn ein Fertigungsmittel frei wird. Die planerische Aufgabe besteht dann darin, für dieses Fertigungsmittel einen geeigneten Auftrag zu finden. Umgekehrt wird bei der a r b e i t s g a n g o r i e n t i e r t e n Version der nächste Planungsschritt durch das Ende eines Arbeitsgangs festgelegt. Hier muß für den Folgearbeitsgang eine geeignete Maschine ausgesucht werden.

Im Programm ATEX sind diese Einplanungsstrategien verwirklicht
und können über Parameter abgerufen werden /55/.

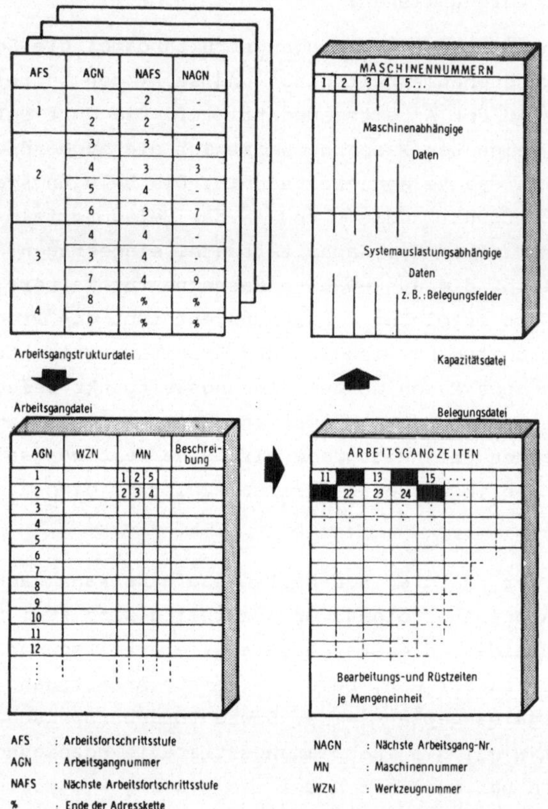

Bild 31: Verknüpfung der Dateien durch das Hauptprogramm

6.4.2.1 Beschreibung der maschinenorientierten Einplanungsstrategie

Die maschinenorientierte Einplanungsstrategie hat zum Ziel, eine
möglichst gleichmäßig wachsende Belegung an allen Fertigungsmitteln zu erreichen. Dadurch strebt man eine jederzeit geringe
Varianz der Belegung von systeminternen Fertigungsmitteln an,
was zu einer guten Auslastung des Gesamtsystems führen soll.

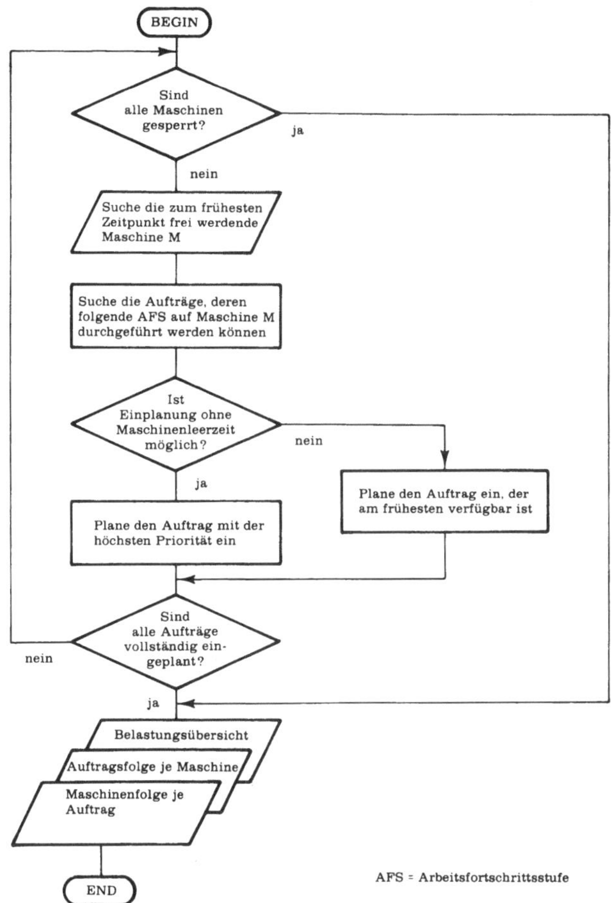

Bild 32: Ablaufdiagramm der maschinenorientierten Einplanungsstrategie

Bild 32 zeigt die Vorgehensweise für einen Einplanungsvorgang. Für jede Belegung einer Maschine mit einem Arbeitsgang muß das Ablaufdiagramm durchlaufen werden. Der gesamte Planungsvorgang ist beendet, wenn entweder das Fertigungssystem ausgelastet ist oder keine Fertigungsaufträge mehr verfügbar sind. Als verfügbar werden alle Fertigungsaufträge angesehen, deren vorange-

gangene Fertigungsstufen bearbeitet sind und die auf ihre nächste Bearbeitung warten. Der Suchalgorithmus zum Auffinden der
nächsten frei werdenden Maschine und der dafür geeigneten Fertigungsaufträge beruht auf einer rechnerinternen Abfragetechnik
zweier Listen. Die erste gibt Aufschluß über den Zustand der
Fertigungsmittel. In ihr werden für jedes Fertigungsmittel die
chronologische Auftragsfolge bis zum aktuellen Planungszeitpunkt eingetragen. Die Kennzahlen enthalten Aussagen über Arbeitsplan und Arbeitsgangnummer sowie über den geplanten Start-
und Endtermin des betreffenden Arbeitsgangs. Die zweite Liste
gibt die Maschinenfolge je Auftrag wieder. Ihr Inhalt setzt
sich aus der Maschinen- und Arbeitsgangnummer sowie wiederum
dem Start- und Endtermin des entsprechenden Arbeitsgangs zusammen. Ein Einplanungsvorgang gilt dann als abgeschlossen,
wenn beide Listen aktualisiert worden sind. Diese Technik ver-
einfacht das Auffinden der nächsten frei werdenden Maschine.
Dazu ist es lediglich notwendig, daß in der ersten Liste sämtliche Kennzahlen nach den Endzeitpunkten der zuletzt eingeplanten Arbeitsgänge geordnet vorliegen. Die kleinste Zahl weist
dann auf diejenige Maschine hin, die einen Auftrag übernehmen
kann. Alle verfügbaren Aufträge, deren Bearbeitung auf dieser
zu belegenden Maschine möglich ist, werden der zweiten Liste
entnommen und wiederum entsprechend den Endterminen der letzten
Bearbeitung geordnet. Subtrahiert man von diesen Endterminen
den Zeitpunkt der frei werdenden Maschine, so ergeben sich
Leer- bzw.Wartezeiten. Ein positives Ergebnis zeigt an, daß
eine Einplanung an der vorgesehenen Maschine eine Leerzeit verursacht. Der Betrag der negativen Differenz entspricht der Wartezeit eines Auftrags bis zur Weiterbearbeitung auf der be-
trachteten Maschine.

Nach jedem Einplanungsvorgang wird geprüft, ob alle Aufträge
eingeplant sind. Ist dies der Fall, so steht das Fertigungsprogramm als Auftragsfolge je Maschine und Maschinenfolge je
Auftrag fest. Beide Ergebnisse sind die Basis zur Steuerung
und Überwachung des Fertigungssystems und werden dem Ausgabeteil des Programms übergeben. Finden noch einzuplanende Aufträge keine freien Fertigungsmittel, so bricht das Programm
den Planungsablauf ebenfalls ab und weist das Ergebnis aus.

Um unnötigen Aufwand zu vermeiden, wird vor jedem Planungsvorgang abgefragt, ob alle Maschinen gesperrt sind. Ein Sperrindikator kennzeichnet diejenigen Maschinen, die in der Planungsperiode (Tag) keine Fertigungskapazität mehr anbieten können. Im Normalfall bedeutet dies, daß diese Maschinen ausgelastet sind. Störungen bewirken ebenfalls eine Sperrung der Fertigungsmittel für die Belegung. Dadurch können auch störungsbedingte Ausfallzeiten während der Planungsrechnung berücksichtigt werden.

Zielen die bisher beschriebenen Maßnahmen auf eine maximale Kapazitätsauslastung ab, so soll im folgenden der Aspekt der Verkürzung von Durchlaufzeiten näher betrachtet werden. Die Fertigungsdurchlaufzeit eines Auftrags wird berechnet aus der Summe aller Bearbeitungs- und Übergangszeiten. Für die Fertigungsorganisation in flexiblen Fertigungssystemen ergibt sich aufgrund der variablen Arbeitspläne die Möglichkeit, die Anzahl der Transport- und Lagervorgänge zu variieren. Dies nützt das Programm ATEX dahingehend aus, daß es immer versucht, einen Auftrag mit einer minimalen Anzahl von Fertigungsstufen einzuplanen. Bei der maschinenorientierten Einplanungsstrategie bedarf es keiner besonderen Vorkehrungen, um die Aufträge in minimalen Stufen zu fertigen, da ein Auftrag nur dann von der Bearbeitungsstation genommen wird, wenn eine Weiterbearbeitung auf dieser Maschine technologisch nicht möglich ist.

6.4.2.2 Beschreibung der arbeitsgangorientierten Einplanungsstrategie

Im Gegensatz zur maschinenorientierten Einplanungsstrategie löst hier das Ende eines Arbeitsgangs den nächsten Einplanungsvorgang aus. Im Verlauf eines Planungszyklusses wird für jeden Auftrag je eine Arbeitsfortschrittsstufe eingeplant. Dies wiederholt sich so lange, bis entweder das Fertigungssystem ausgelastet ist oder alle Aufträge eingeplant sind. Bild 33 zeigt das Ablaufdiagramm dieser Vorgehensweise.

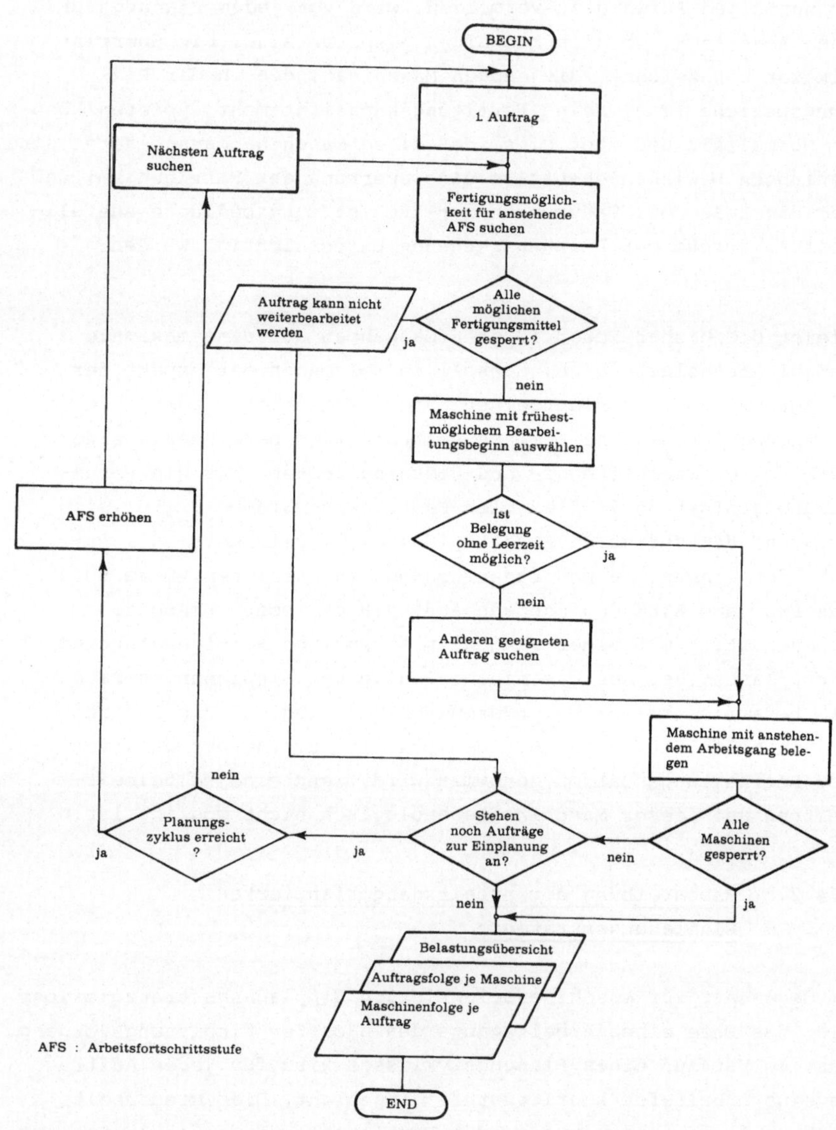

Bild 33: Ablaufdiagramm der arbeitsgangorientierten Einplanungsstrategie

Die Einlastfaktoren bestimmen die Reihenfolge, in der die Aufträge innerhalb eines Planungszyklusses eingeplant werden. Um zu vermeiden, daß die Kapazitätsbelegung an den Fertigungsmitteln unterschiedlich schnell wächst, bekommt diejenige Maschine den Vorrang, welche den einzuplanenden Auftrag zum frühest möglichen Termin übernehmen kann. Würde dieser Schritt jedoch eine Maschinenleerzeit verursachen, so weicht das Programm von der vorgegebenen Rangfolge der Aufträge ab und sucht für diese Maschine einen anderen Fertigungsauftrag, der keine oder eine geringere Leerzeit entstehen läßt. Das Ziel einer hohen Kapazitätsauslastung wird also in solchen Konfliktsituationen bevorzugt angestrebt. Dies gilt nur für den momentanen Planungszyklus. Beim nächsten Zyklus plant das Programm die Aufträge wieder entsprechend der vorgegebenen Rangfolge ein, bis wieder die beschriebene Situation eintritt. Sind infolge von Störungen und Überbelegungen alle Fertigungsalternativen einer Arbeitsfortschrittsstufe gesperrt, so ist es nicht möglich, den betreffenden Auftrag in der Planperiode weiter zu bearbeiten. Ein Indikator zeigt dies an, so daß diese Aufträge bei weiteren Planungsschritten nicht mehr berücksichtigt werden.

Nach jedem Einplanungsvorgang wird abgefragt, ob das Fertigungssystem ausgelastet ist oder alle Aufträge eingeplant sind. Wird eine der beiden Fragen positiv beantwortet, so ist der Planungsvorgang beendet. Dann kann der Ausgabeteil des Programms ATEX das geplante Fertigungsprogramm übernehmen. Die zusätzlich ausgewiesene Belastungsübersicht dient zur statistischen Auswertung und Kosten- bzw. Erfolgskontrolle.

6.4.2.3 Beschreibung der auftragsweisen Einplanungsstrategie

Bei der auftragsweisen Strategie plant das Programm jeweils einen Auftrag vollständig ein. Externe Einlastfaktoren bestimmen auch hier die Reihenfolge der einzuplanenden Aufträge. Bei dieser Vorgehensweise muß neben den beiden bei der arbeitsgangorientierten Strategie einzuhaltenden Prämissen

- Maschine muß zum Einplanungszeitpunkt frei sein,
- Auftrag muß zum Einplanungszeitpunkt verfügbar sein,

auch noch die dritte Randbedingung:

- Maschine muß bis zum Ende der geplanten Bearbeitung
  des Arbeitsgangs frei sein,

erfüllt sein.

Die dritte Randbedingung bedarf einer näheren Erläuterung:
Durch die sequentielle Einplanung ganzer Aufträge entstehen im
Belegungsbild der Fertigungsmittel zeitliche Lücken. Es genügt deshalb nicht, bei der Einplanung eines Arbeitsgangs den
frühest möglichen Starttermin zu beachten, sondern man muß
sich auch vergewissern, ob sich die Arbeitsgangdauer in die
vorhandene zeitliche Lücke einfügen läßt. Die Einhaltung der
dritten Prämisse bereitet zu Beginn des Planungsvorgangs keine Schwierigkeiten. Mit jedem weiteren einzuplanenden Auftrag
wird es jedoch schwieriger, zwischen zwei bereits eingeplanten
Arbeitsgängen eine Lücke zu finden, die dem Bearbeitungszeit-
raum des einzuplanenden Arbeitsgangs entspricht oder größer
ist. Letzteres würde dabei "nur" zu Maschinenleerzeiten führen.

Das Problem der auftretenden zeitlichen Lücken läßt sich mit
einer wenig aufwendigen Methode leicht lösen: Weicht man während des Planungsablaufs von der durch Prioritäten festgelegten Auftragsreihenfolge dann ab, wenn durch den momentanen
Einplanungsvorgang Leerzeiten entstehen würden, so lassen sich
dadurch Lücken von vornherein vermeiden. Aus Bild 34 ist dieses
Vorgehen zu entnehmen. Um alle Aufträge trotzdem entsprechend
ihrer Priorität zu behandeln, sucht das Programm nach jedem
Einplanungsvorgang erneut für den noch nicht fertiggestellten
Auftrag mit der höchsten Priorität eine mögliche Fertigungsalternative. Hierzu dient die Kennziffer "Z", welche die fertig-
gestellten Aufträge in der Reihenfolge ihrer Prioritäten zählt.
Diese Kennziffer wird dann erhöht, wenn der Auftrag mit der
Kennziffer Z vollständig eingeplant ist oder wenn für diesen
Auftrag keine weiteren Fertigungsalternativen gefunden werden
können. Ein Beispiel verdeutlicht diese Vorgehensweise:

Ist der Auftrag mit der höchsten Priorität bereits fertig eingeplant, erhält die Kennziffer Z den Wert 2. Dies bedeutet, daß

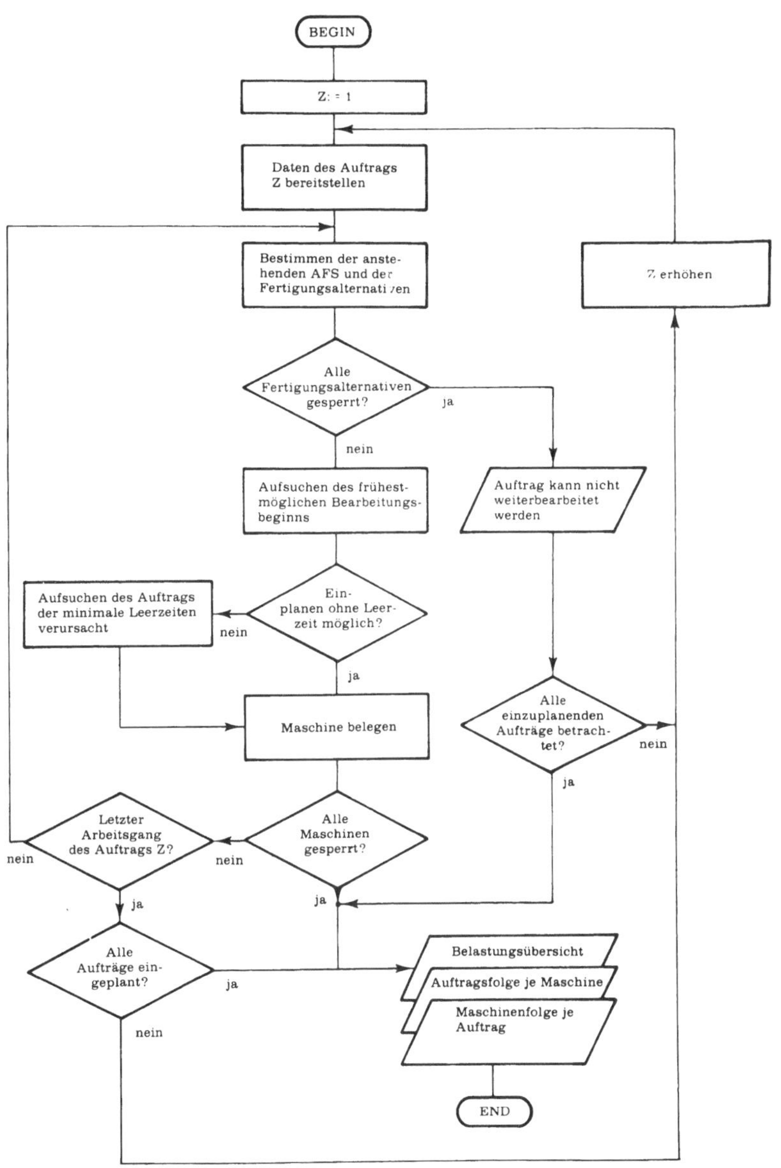

AFS = Arbeitsfortschrittsstufe

<u>Bild 34</u>: Ablaufdiagramm der auftragsweisen Einplanungsstrategie

von allen teilweise eingeplanten Aufträgen derjenige die momentan höchste Priorität besitzt, der in der Rangliste die zweite Stelle einnimmt. Das Programm versucht diesen Auftrag vollständig einzuplanen. Läßt sich ein Arbeitsgang dieses Auftrags nicht ohne Leerzeit einplanen, so durchbricht das Programm die vorgegebene Auftragsreihenfolge. Es sucht nun für die vorgesehene Maschine einen Auftrag, der keine oder eine geringere Leerzeit verursacht. Dabei werden die Auftragsprioritäten nicht berücksichtigt. Im Anschluß an diesen Vorgang wird für den ursprünglichen Auftrag mit der Kennziffer Z ein Einplanungsversuch unternommen. Ist der letzte Arbeitsgang des Auftrags mit der Kennziffer $Z=2$ eingeplant, so erhält diese den Wert 3. Damit hat der dritte Auftrag in der Rangliste die höchste Priorität aller noch einzuplanenden Aufträge.

Mit der auftragsweisen Einplanungsstrategie verfolgt man das Ziel, eine maximale Anzahl von Aufträgen in der Planungsperiode fertigzustellen.

6.4.2.4 Auswahl der besten Fertigungsalternativen
         einer Arbeitsfortschrittsstufe

Die Auswahl der besten Fertigungsalternativen einer Arbeitsfortschrittsstufe muß sich an den Zielen "maximale Kapazitätsauslastung" und "minimale Durchlaufzeit" orientieren. Entsprechend sind zwei Situationen bei der Auswahl der geeigneten Fertigungsalternativen zu berücksichtigen:

1. Situation:

Sind Leerzeiten aufgrund des Systemzustands nicht zu vermeiden, so muß diejenige Fertigungsalternative gefunden werden, bei der die geringste Leerzeit entsteht. Dies ist dann der Fall, wenn die Differenz zwischen dem frühest möglichen Fertigungsbeginn eines Auftrags (T_{Auftr}) und dem Zeitpunkt, an dem eine hierfür geeignete Maschine frei wird (T_{Masch}) minimal wird. Die Regel, nach der in dieser Situation die beste Fertigungsalternative gefunden wird, lautet somit:

$$PR_{LZ_{i,j}} = \frac{1}{\min \left| T_{AUFTR_j} - T_{MASCH_i} \right|} \Bigg|_{\substack{i = 1,\ldots,\mu \\ j = 1,\ldots,\nu}}$$

$$
\begin{aligned}
T_{AUFTR_j} &= \text{möglicher Arbeitsbeginn des Auftrags } j \\
T_{MASCH_i} &= \text{möglicher Starttermin der Maschine } i \\
\mu &= \text{Anzahl der Fertigungsalternativen des Auftrags } j \\
\nu &= \text{Anzahl der zur Einplanung anstehenden Aufträge} \\
PR_{LZ_{i,j}} &= \text{Prioritätszahl der Fertigungsalternativen } i \text{ des} \\
&\quad\ \text{Auftrags } j \text{ bei unvermeidbarer Leerzeit im Fertigungssystem}
\end{aligned}
$$

Mit dieser Regel wird also gleichzeitig aus dem Auftragsvolumen ein geeigneter Auftrag ausgewählt und für diesen die beste Fertigungsalternative ermittelt.

2. Situation:

Muß der zur Einplanung anstehende Auftrag bei allen Fertigungsalternativen warten, so ist diejenige auszuwählen, die die geringste Summe aus Wartezeit und eigener Bearbeitungszeit aufweist. Die Wartezeiten des Auftrags j bei den verfügbaren Fertigungsalternativen errechnet sich nach folgender einfachen Formel:

$$t_{W_i} = \left(T_{MASCH_i} - T_{AUFTR_j} \right) \Bigg|_{i = 1,\ldots,\mu}$$

$$t_{W_i} = \text{Wartezeit des vorgesehenen Auftrags } j \text{ an der Maschine } i$$

Da im allgemeinen unterschiedliche Fertigungsmittel verschiedene Ausführungszeiten für dieselbe Fertigungsaufgabe benötigen, sind im Interesse kurzer Durchlaufzeiten auch die Bearbeitungszeiten (T_{A_j}) des einzuplanenden Auftrags zu berücksichtigen. Im

Fall unvermeidbarer Wartezeiten wird somit die Fertigungsalternative nach folgender Prioritätsregel ermittelt:

$$PR_{WZ_i} = \frac{1}{\min\left\{\sum_{i=1}^{\mu} (t_{W_i} + t_{A_{i,j}})\right\}}$$

$t_{A_{i,j}}$ = Bearbeitungszeit des einzuplanenden Auftrags j auf der Fertigungsalternativen i

PR_{WZ_i} = Prioritätszahl der Fertigungsalternativen i bei unvermeidbarer Wartezeit des Auftrags j

Dadurch, daß mit diesen Prioritätsregeln sowohl der Fertigungsort als auch ein geeigneter Auftrag ausgesucht wird, erfüllt das Programm ATEX die Forderung nach einer simultanen Belegungs- und Reihenfolgeplanung.

6.4.3 Aufgabe und Aufbau des Ausgabeteils

Aufgabe des Ausgabeteils ist es, die ermittelten Plandaten für den steuernden Anteil der Fertigungssteuerung aufzubereiten. Dies geschieht beim Erstellen der Plan-Soll-Dateien, anhand derer der Fertigungsfortschritt überwacht werden kann. Weiterhin muß der Ausgabeteil diejenigen Aufträge kennzeichnen, die in der nächsten Fertigungsperiode nicht vollständig eingeplant werden konnten. Diese teilweise eingeplanten Aufträge erhalten in der nächsten Planperiode höchste Priorität. Damit wird der Anfangszustand des Fertigungssystems für diese Planperiode festgehalten.

Zur Steuerung des Fertigungssystems müssen aus dem Fertigungsprogramm sowohl Transportprogramme für den Materialfluß als auch Bearbeitungsprogramme für die Bearbeitungsstationen abgeleitet werden können. Entsprechend gliedert sich der Ausgabeteil in zwei Teile: zum Aufbau einer Transportliste für das Transportsystem und zur Erstellung von Bearbeitungslisten für

die Bearbeitungsstationen. Aus diesen Listen leitet das Informationssystem alle Steuersignale ab. Bild 35 zeigt die Aufgaben und den schematischen Aufbau des Ausgabeteils.

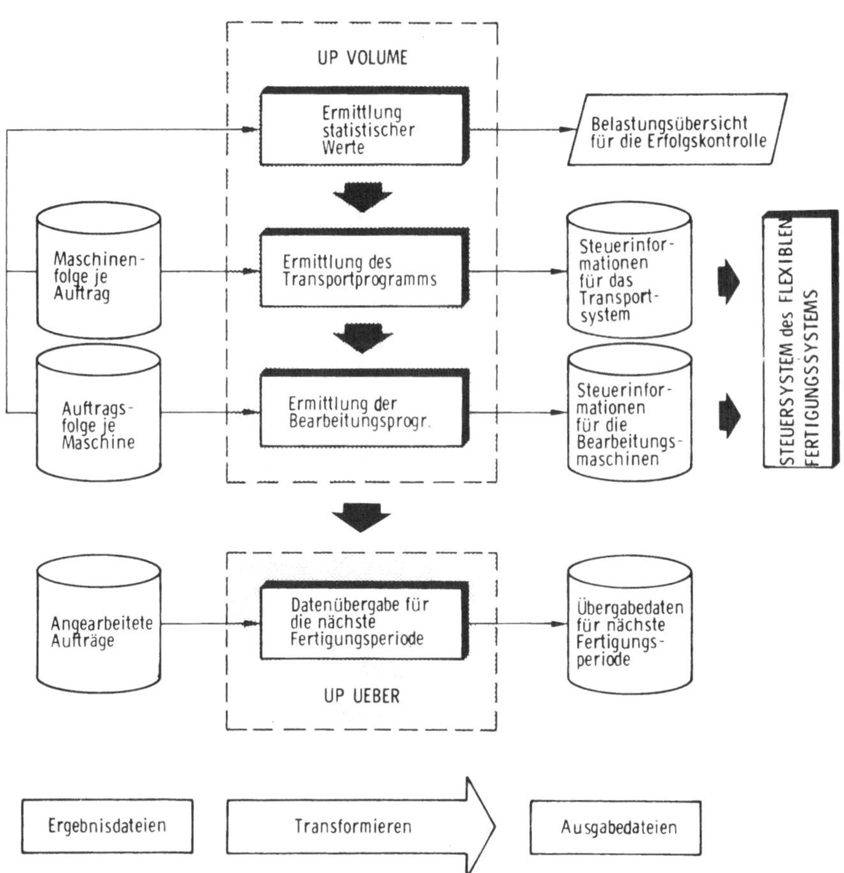

Bild 35: Aufgaben des Ausgabeteils

6.5 Einbeziehung der Transportkapazität in die Arbeitsgangterminierung

Der automatische Fertigungsablauf erfordert eine hohe Determiniertheit des Planungsergebnisses. Diese Forderung steht in Konkurrenz mit der Notwendigkeit nach kurzen Planungsdauern. Deshalb muß untersucht werden, inwieweit Vereinfachungen zulässig sind, die auf Kosten der Genauigkeit des Planungsergebnisses zu kurzen Planungszeiten führen.

Ein Ansatzpunkt liegt in der vereinfachten Berücksichtigung der Transportkapazität des Fertigungssystems. Dieser Gedanke liegt deshalb nahe, weil auch bei flexiblen Fertigungssystemen Lager- bzw. Bearbeitungszeiten den Hauptanteil der Durchlaufzeit verursachen. Im Interesse kurzer Rechenlaufzeiten wurde deshalb bei der Konzeption des Terminierungsprogramms ATEX angenommen, daß kein Auftrag auf seinen Transport warten muß. Damit überläßt man der Materialflußsteuerung einen Dispositionsspielraum, um die endgültige Transportfolge festzulegen. Für die Arbeitsgangterminierung bedeutet diese Annahme, daß im Planungsverlauf nur die Transportzeit zu berücksichtigen ist, nicht aber die Kapazität des Transportsystems.

Zur Ermittlung des Gültigkeitsbereichs wurden Ablaufsimulationen durchgeführt. Aus Bild 36 ist zu entnehmen, daß bei diesen Ablaufsimulationen die Kapazität des Transportsystems einbezogen ist. Dies wird durch die Abfrage "RFZ (Transportgerät) frei?" verdeutlicht. Weiterhin kann das Simulationsmodell zwischen einem direkten Werkstücktransport zur nächsten Bearbeitungsstation und einem indirekten Transport über ein zentrales Lager unterscheiden.

Der zulässige Bereich der angenommenen Vereinfachung ist anhand zahlreicher Simulationsläufe abgegrenzt worden. Hierbei vergleicht man die Planungsergebnisse mit den Ergebnissen der Ablaufsimulationen. Grundlage dieser Simulationsläufe ist der schon beschriebene repräsentative Typ flexibler Fertigungssysteme, wobei jeder Bearbeitungsstation ein maschinennaher Puffer zugeordnet ist, der ein Werkstück aufnehmen kann. Bild 37 zeigt, daß das erreichte Auslastungsergebnis dann mit der planerisch ermittelten Soll-Auslastung weitgehend übereinstimmt, wenn die durchschnittliche Transportzeit um den Faktor 14-18 kleiner ist als die durchschnittliche Bearbeitungszeit.

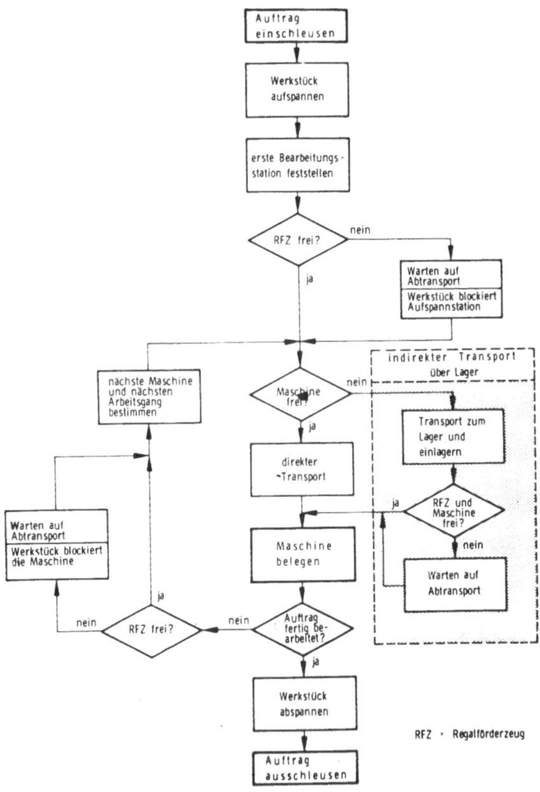

<u>Bild 36</u>: Diagramm zur Simulation des Fertigungsablaufs

Nach Untersuchungen in /56/ lassen sich Fertigungssysteme, die dem repräsentativen Typ entsprechen, nur dann voll auslasten, wenn die durchschnittliche Bearbeitungszeit eines Werkstücks mindestens 21,7 Minuten beträgt. Geht man von einem Fertigungssystem mit vier integrierten Bearbeitungsstationen aus, so ist mit maximalen Transportwegen von 20 m zu rechnen. Hieraus las-

sen sich folgende maximale Transportzeiten einschließlich der
Ein- bzw. Auslastvorgänge ableiten:

- Ein- bis zweistufige Fertigung: 1,54 Minuten
- drei- bis vierstufige Fertigung:1,2 Minuten

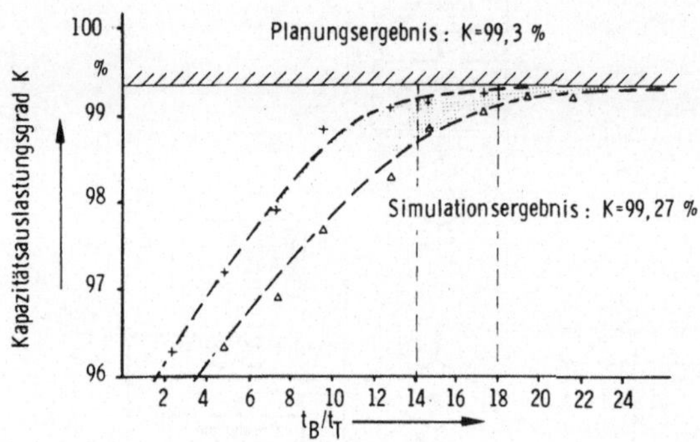

Bild 37: Vergleich der erreichten Kapazitätsauslastung
mit dem Planungsergebnis

Unter Berücksichtigung der Be- und Entladezeiten des Transport-
mittels ergeben sich unter den getroffenen Annahmen folgende
Grenzgeschwindigkeiten:

- Ein- bis zweistufige Fertigung   etwa 20 m/min
- drei- bis vierstufige Fertigung   etwa 30 m/min

Nach /57/ lassen sich mit Regalförderzeugen Transportgeschwin-
digkeiten bis zu 80m/min erreichen. Die getroffene Vereinfachung
ist somit dür den repräsentativen Typ flexibler Fertigungssysteme
zulässig.

BEURTEILUNG DER PLANUNGSERGEBNISSE BEI VERSCHIEDENEN EINPLANUNGSSTRATEGIEN

Die vergleichende Beurteilung der entwickelten Planungsstrategien muß sich an der Erfüllung der gestellten Anforderungen orientieren. Dies ist nur dann möglich, wenn alle Einplanungsstrategien unter gleichen Bedingungen getestet werden.

7.1   Modell zur Beurteilung der Planungsstrategien

Den Testläufen ist ein Modell mit vier integrierten Bearbeitungsstationen zugrundegelegt worden. Um jegliche subjektiven Einflüsse auszuschließen, sind die Daten der einzuplanenden Aufträge einschließlich den Strukturarbeitsplänen mit Hilfe von Zufallszahlengeneratoren erzeugt worden.

Weil der repräsentative Typ flexibler Fertigungssysteme aus sich teilweise ersetzenden Fertigungsmitteln aufgebaut ist, wurde der Grad der gegenseitigen Ersetzbarkeit variiert, um Aussagen über das Verhalten der entwickelten Planungsstrategien bei zunehmender Flexibilität des Fertigungssystems machen zu können. Dies wurde dadurch erreicht, daß die Anzahl der möglichen Fertigungsalternativen stufenweise erhöht wurde. Ein Arbeitsgang findet somit zunächst im Fertigungssystem nur eine mögliche Bearbeitungsstation vor. Nach der in Kap. 4.1 entwickelten Formel entspricht dies dem Grad der Anpassungsfähigkeit $\varepsilon = 0$. Mit jeder weiteren Fertigungsalternative erhöht sich der von $\varepsilon = 0,33$ (eine Ausweichmaschine) über $\varepsilon = 0,66$ (zwei Ausweichmaschinen) bis zu $\varepsilon = 1,0$ (drei Ausweichmaschinen).

Um gesicherte Aussagen zu erhalten, wurden für die drei vorgestellten Planungsstrategien bei den vier verschiedenen Graden der Anpassungsfähigkeit jeweils 200 Fertigungsprogramme mit unterschiedlichen Auftragsspektren ermittelt. Bild 38 zeigt die Modellkonstanten und die -parameter,die dem Test der entwickelten Planungsstrategien zugrundegelegt worden sind.

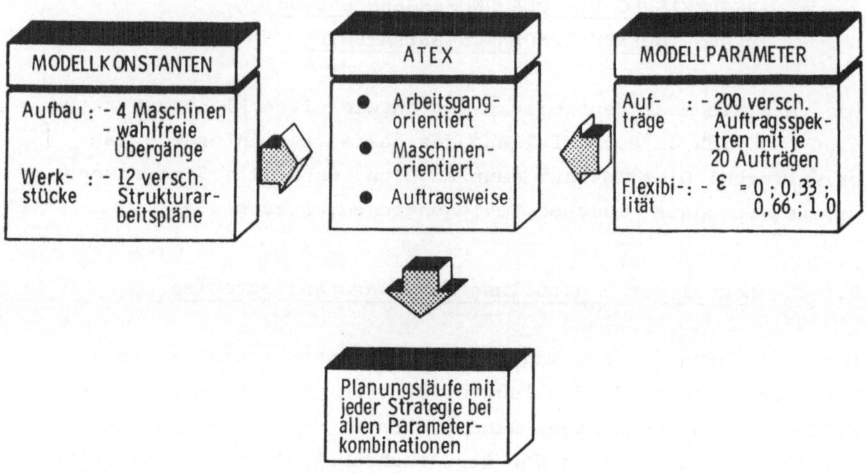

Bild 38: Modellbedingungen bei der Beurteilung der
Planungsstrategien

7.2 Festlegung der Bewertungskriterien

Der Entwicklung des Terminierungsprogramms ATEX sind die Anforderungen aufgrund der Flexibilität und des automatischen
Fertigungsablaufes zugrundegelegt worden. Diesbezüglich ist
also ein Vergleich der Planungsstrategie nicht notwendig, da
sie alle nach dem Prinzip der "Ausnützung der vorhandenen planerischen Freiheitsgrade" eine Reihenfolgeplanung durchführen.
Die entwickelten Planungsstrategien werden deshalb hinsichtlich
der jeweils erreichbaren Wirtschaftlichkeit des Fertigungssystems
verglichen. Da direkt meßbare Faktoren vom Anwendungsfall abhängig sind, kann eine allgemein gültige monetäre Bewertung
nicht erfolgen. Deshalb müssen über Kennzahlen die Ausprägungen
der Beurteilungskriterien

Qualität der Kapazitätsnutzung

Ausmaß der Kapitalbindung im System

Ausprägung des Ablaufplanungsdilemmas

ermittelt werden.

7.2.1   Bewertung der Kapazitätsnutzung

Zur Bewertung der Kapazitätsnutzung wird im allgemeinen der Kapazitätsauslastungsgrad ermittelt. Dieser gibt an, welcher Anteil der verfügbaren Zeit des Fertigungssystems produktiv genutzt wird. Er errechnet sich nach der Formel

$$K = \frac{t_{prod}}{t_{gesamt}} \cdot 100\% \qquad \text{mit} \qquad t_{prod} = \frac{1}{m} \cdot \sum_{i=1}^{m} t_{prod_i}$$

Die produktive Zeit t_{prod} setzt sich aus den Belegungszeiten $t_{prod,i}$ der integrierten Fertigungsmittel zusammen und enthält somit auch deren Nebenzeitanteile. Diese Annahme ist deshalb gültig, weil keine technischen Abläufe zu beurteilen sind. Damit ist der Auslastungsgrad K eine Maßzahl für die Qualität des Planungsergebnisses, da sie nur organisatorisch bedingte Leerzeiten des Fertigungssystems bewertet.

Die Maximierung der Auslastung von Fertigungsmitteln hat zum Ziel, deren Produktivität zu sichern, um auf diese Weise eine hohe Kapazitätsnutzung zu gewährleisten. Hierbei wird unterstellt, daß die Produktivität proportional zur Auslastung wächst. Bei der Beurteilung von Einzelmaschinen ist diese Annahme gültig. Durch Ausnützen der planerischen Freiheitsgrade können bei flexiblen Fertigungssystemen aber auch solche Bearbeitungsstationen mit einem Auftrag belegt werden, die für diesen weniger geeignet sind als das ursprünglich vorgesehene Fertigungsmittel. Damit ist aber die Proportionalität zwischen Auslastung und Produktivität nicht mehr zwingend gegeben. Ein bewußt extrem gezeichnetes Beispiel verdeutlicht diesen Sachverhalt.
Aus Bild 39 ist ersichtlich, daß bei der ungünstigen Maschinenbelegung 75 % der verfügbaren Kapazität notwendig ist, um die Aufträge zu fertigen. Andererseits werden bei günstiger Einplanung nur 45 % der Kapazität gebunden. Eine rein auf die Kapazitätsauslastung bezogene Beurteilung würde die schlechtere Belegungsalternative bevorzugen. Deshalb muß zur Beurtei-

	MN 1	MN 2
A_1	10	20
A_2	40	20
A_3	40	20
A_4	40	50

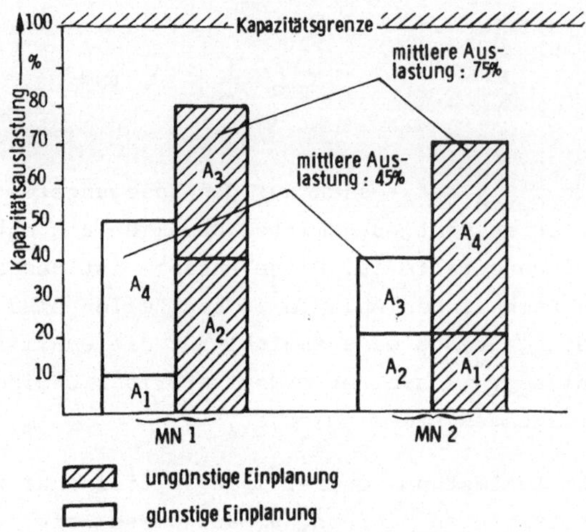

<u>Bild 39</u>: Beispiel für Kapazitätsauslastung bei
alternativer Maschinenzuordnung

lung des Ergebnisses der Arbeitsgangterminierung bei flexiblen Fertigungssystemen die Aussagekraft des Auslastungsgrads
durch die Kennzahl der Produktivität ergänzt werden.

Die Kapitalproduktivität wird aus dem Verhältnis des Produk-
tionsausstoßes zum Kapitaleinsatz errechnet /58/. Sie ist eine
wichtige Kennzahl zum Vergleich verschiedener Kapazitätseinhei-
ten. Im vorliegenden Fall ist jedoch die Qualität von Fertigungsprogrammen zu beurteilen. Der Kapitaleinsatz ist deshalb als konstant anzusehen, weil das Fertigungsprogramm jeweils für das-
selbe Fertigungssystem ermittelt wird. Somit ist der Ausstoß am
Ende einer Fertigungsperiode eine Maßzahl, die die Qualität der
mit verschiedenen Planungsstrategien ermittelten Fertigungsprogramme bewerten kann.

Die erreichbare Produktivität des Fertigungssystems läßt sich
von der Anzahl derjenigen Aufträge ableiten, die vollständig
eingeplant werden konnten. Zusammen mit den bereits eingeplanten
Arbeitsgängen der übrigen Aufträge ergibt sich der geplante Ausstoß des Fertigungssystems. Bezogen auf alle einzuplanenden Arbeitsgänge läßt sich die Produktivität des Fertigungssystems
wie folgt ausdrücken:

$$P_M = \frac{\sum\limits_{a=1}^{n} AG_a}{\sum\limits_{b=1}^{m} AG_b} \cdot 100\%$$

AG_a = eingeplante Arbeitsgänge

AG_b = alle Arbeitsgänge des einzuplanenden Auftragsvolumens

P_M = Mengenproduktivität

Damit läßt sich die Kapazitätsausnutzung des Fertigungssystems
über den Auslastungsgrad K und die Mengenproduktivität P_M, ge-
messen an der Anzahl abgearbeiteter Arbeitsgänge, beschreiben.

7.2.2 Bewertung der Kapitalbindung

Die Kapitalbindung in einer Fertigung errechnet sich aus dem
Produkt von Werkstückanzahl und Werkstückwert der angearbeiteten und fertiggestellten Aufträgen im Fertigungsbereich.

Da in einem flexiblen Fertigungssystem nur Werkstücke ähnli-
cher Technologie bearbeitet werden, kann der Wert der bearbeitbaren Werkstücke als indifferent betrachtet werden. Dann läßt
sich die Kapitalbindung im Fertigungssystem aus der Anzahl derjenigen Werkstücke ableiten, die sich im Fertigungssystem be-
finden.
Die Werkstücke müssen innerhalb des Fertigungssystems auf ein-
heitlichen Paletten transportiert werden. Die Anzahl benötig-
ter Paletten ist deshalb geeignet, die Kapitalbindung zu bewerten. Da im allgemeinen eine begrenzte Anzahl von Paletten
zur Verfügung steht, bietet es sich an, die Wiederverwendbarkeit der Paletten zur Beurteilung der Kapitalbindung heranzu-

ziehen, weil sich die Kapitalbindung dann umgekehrt proportional zur Wiederverwendbarkeit verhält.

Die Wiederverwendbarkeit der Paletten ist direkt abhängig von der Anzahl sich gleichzeitig im System befindlicher Werkstücke. Diese ändert sich jedoch im Verlauf einer Fertigungsperiode ständig. Die durchschnittliche Wiederverwendbarkeit der Paletten ergibt sich somit aus der maximalen Anzahl sich gleichzeitig im System befindlicher Werkstücke, bezogen auf die Anzahl eingeplanter Werkstücke. Hieraus ergibt sich ein Palettenwiederverwendungsfaktor, der sich wie folgt errechnet:

$$P_W = \frac{\sum\limits_{c=1}^{n} A_c}{\max \{A_g\}} - 1$$

A_c = eingeplante Werkstücke

$\max \{A_g\}$ = maximale Anzahl der Werkstücke, die gleichzeitig im Fertigungssystem sind

P_W = Palettenwiederverwendungsfaktor

Der Palettenwiederverwendungsfaktor drückt aus, wie oft eine Palette über ihren ursprünglich vorgesehenen Einsatz hinaus wiederverwendet werden kann und damit einen Beitrag zur Verringerung des Kapitaleinsatzes leistet.

7.2.3   Bewertung der Durchlaufzeiten in Abhängigkeit der Systemauslastung

Eine umfassende Beurteilung der Planungsstrategien muß auf die Bewältigung des Ablaufplanungsdilemmas ein besonderes Augenmerk richten. Dies gilt umso mehr, je höher die geforderte Kapazitätsauslastung ist, da das Ablaufplanungsdilemma bei hohen Auslastungsgraden verstärkt auftritt.

Wie in Abschnitt 4.5 gezeigt worden ist, läßt sich die Ausprägung des Ablaufplanungsdilemmas als eine Funktion der Durchlaufzeit (DLZ) in Abhängigkeit der Systemauslastung (K) darstellen. Die Durchlaufzeit eines Auftrages setzt sich nach /13/ aus der Summe aller Auftragszeiten und Übergangszeiten zusammen. Somit kann die absolut gemessene Durchlaufzeit nicht als Maßstab für die Bewältigung des Ablaufplanungsdilemmas gelten, da sie auch technisch bedingte Bearbeitungszeiten enthält, die Qualität des Fertigungsprogramms jedoch wesentlich von der Dauer der Übergangszeiten bestimmt wird. Als Kenngröße zur Bewertung der Durchlaufzeiten wird deshalb der Durchlauffaktor definiert:

$$f_{DLZ} = \frac{\sum\limits_{d=1}^{n} DLZ_d}{\sum\limits_{d=1}^{n} t_{AG_d}}$$

DLZ_d = Durchlaufzeit des Auftrags d
t_{AG_d} = Gesamtbearbeitungszeit des Auftrags d
f_{DLZ} = Durchlauffaktor

Der Durchlauffaktor gibt an, um wieviel die Durchlaufzeiten der Aufträge durchschnittlich höher liegen, als deren technisch notwendige Bearbeitungszeiten. Letztere ergibt sich aus der kleinsten Summe der Bearbeitungszeiten aller Fertigungsalternativen eines Auftrags.

Trägt man den Durchlauffaktor f_{DLZ} über der Kapazitätsauslastung K ab, so ergibt sich eine Kurve, die entsprechend der Ausprägung des Ablaufplanungsdilemmas mehr oder weniger stark ansteigt. Die Ableitung der Funktion $f_{DLZ} = F (K)$ ist somit ein direktes Maß für die Ausprägung des Ablaufplanungsdilemmas. Aus Aufwandsgründen ist es aber nicht möglich, den Durchlauffaktor für jeden Auslastungsgrad zu ermitteln. Deshalb sind bei den Testläufen bei diskret ausgewählten Auslastungsgraden die Durchlauffaktoren errechnet worden. Damit läßt sich die Ausprägung des Ablaufplanungsdilemmas aus dem Verhalten der Differenzquotienten $\Delta f_{DLZ}/\Delta K$ bei zunehmender Kapazitätsauslastung hinreichend genau ermitteln.

Bild 40 gibt einen Überblick über die Beurteilungskriterien mit den hierfür ermittelten Kennzahlen.

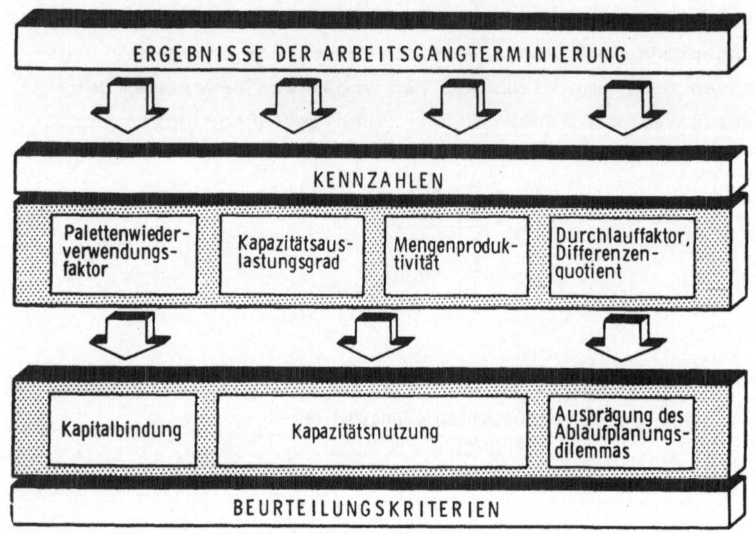

<u>Bild 40</u>: Ermittelte Kennzahlen zur Beurteilung der Planungsstrategien

7.3   <u>Ergebnisse der Planungsrechnungen</u>

Als Ergebnisse der Planungsrechnungen werden die arithmetischen Mittelwerte für

    den Kapazitätsauslastungsgrad,

    die Mengenproduktivität,

    den Palettenwiederverwendungsfaktor und

    den Durchlauffaktor

aus den 2400 durchgeführten Planungsrechnungen ausgewiesen.

7.3.1 Auswertung der Kapazitätsnutzung

Bild 41 zeigt den Verlauf der erreichten maximalen Kapazitätsauslastung bei den drei angewandten Planungsstrategien. Auffallend ist, daß die Systemauslastung mit zunehmender Flexibilität ansteigt, wobei jedoch zwischen den Planungsstrategien
keine signifikanten Unterschiede festzustellen sind.

KAPAZITÄTSAUSLASTUNGSGRAD K (%)

STRATE- GIE ε	ARBEITS- GANG- ORIENTIERT	AUFTRAGS- WEISE	MASCHINEN- ORIENTIERT
0,0	68,1	66,5	67,9
0,33	83,1	81,9	84,6
0,66	88,5	87,2	89,3
1,00	92,2	89,8	91,3

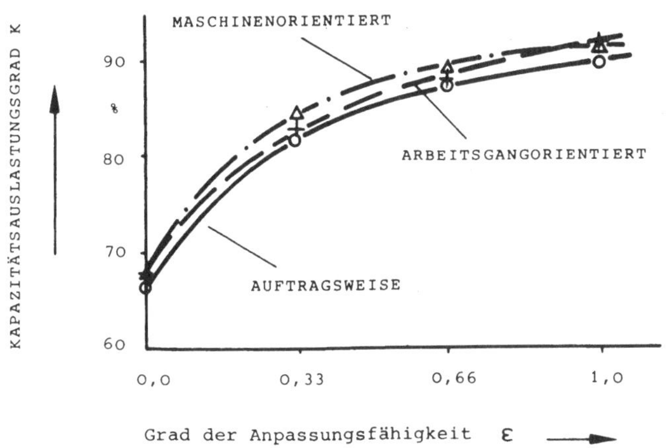

Bild 41: Verlauf der erreichten Kapazitätsauslastung
in Abhängigkeit des Grades der Anpassungsfähigkeit

Bezüglich dem Beurteilungsmerkmal "Kapazitätsauslastung" sind
also die Planungsstrategien gleichwertig. Dieses Ergebnis über-
rascht deshalb nicht, weil bei allen Planungsstrategien das
Ziel nach Maximierung der Auslastung gegenüber der Minimierung
der Durchlaufzeiten bevorzugt wird. Dies kommt dadurch zum
Ausdruck, daß bei entstehenden Leerzeiten versucht wird, diese
unabhängig von der Planungsstrategie zu minimieren.

Die erreichbare Mengenproduktivität ist in Bild 42 dargestellt.
Die Tatsache, daß auch sie mit zunehmender Flexibilität bei
allen Planungsstrategien steigt, zeigt, daß mit einer Arbeitsgangterminierung unter Einbeziehung vorhandener Freiheitsgrade
eine bessere Kapazitätsnutzung erreicht wird als bei konventionellen Methoden der Arbeitsgangterminierung ohne Berücksichtigung von Fertigungsalternativen.

Im Vergleich zur maschinenorientierten und auftragsweisen Planungsstrategie fällt die Leistungsfähigkeit der arbeitsgangorientierten Planungsstrategie bei höherer Flexibilität ab.
Der Grund für die schlechte Mengenproduktivität (woraus eine
geringere Kapazitätsnutzung resultiert) dieser Strategie liegt
in der Vorgehensweise selbst:

Sie bewirkt zwar einen gleichmäßig wachsenden Arbeitsfortschritt
an allen Fertigungsaufträgen, hat jedoch zur Folge, daß viele
Aufträge angearbeitet, aber vergleichsweise wenig fertiggestellt
werden. Dieses Ergebnis weist darauf hin, daß sich die arbeitsgangorientierte Einplanungsstrategie überwiegend auf den Bestandseffekt stützt. Damit erhöhen sich nicht nur die Übergangszeiten zwischen den Arbeitsgängen der Aufträge, sondern
es muß bei zunehmender Auslastung des Systems immer häufiger auf
weniger geeignete Maschinen ausgewichen werden. Dies führt bei
gleichen Auslastungsgraden zu einer niedrigeren Produktivität,
weil zwangsläufig längere Bearbeitungs- und Übergangszeiten
entstehen, als bei weniger häufigeren Ausweichvorgängen notwendig wären. Es ergibt sich eine geringere Kapazitätsnutzung,
wobei die Differenz zu den beiden anderen Planungsstrategien
mit zunehmender Flexibilität größer wird. Hieraus ist der

Schluß zu ziehen, daß die arbeitsgangorientierte Planungsstrategie die Vorteile der Flexibilität eines Fertigungssystems nicht zufriedenstellend auszunützen vermag.

MENGENPRODUKTIVITÄT P_M (%)

STRATE- GIE ε	ARBEITS- GANG- ORIENTIERT	AUFTRAGS- WEISE	MASCHINEN- ORIENTIERT
0,0	62,0	66,2	66,0
0,33	74,1	81,2	82,5
0,66	78,0	85,6	85,7
1,0	80,1	87,4	85,8

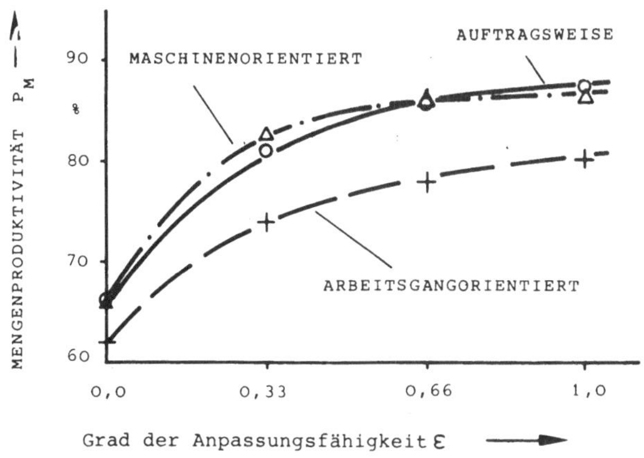

Bild 42: Verlauf der Mengenproduktivität in Abhängigkeit des Grades der Anpassungsfähigkeit

7.3.2 <u>Auswertung der Kapitalbindung</u>

Der Palettenwiederverwendungsfaktor zeigt noch deutlicher, daß
sich der Einfluß des Bestandseffekts bei der arbeitsgangorientierten Planungsstrategie sehr negativ auswirkt. Da die Anzahl
der Paletten bei flexiblen Fertigungssystemen die Investitions-
kosten erheblich beeinflussen können, ist man gezwungen, mit einer
minimalen Anzahl von Paletten einen wirtschaftlichen Betrieb zu

PALETTENWIEDERVERWENDUNGSFAKTOR P_W

STRATE- GIE ε	ARBEITS- GANG- ORIENTIERT	AUFTRAGS- WEISE	MASCHINEN- ORIENTIERT
0,0	0,50	0,60	0,61
0,33	0,63	0,89	0,90
0,66	0,68	1,04	1,06
1,0	0,71	1,08	1,10

<u>Bild 43</u>: Verlauf des Palettenwiederverwendungsfaktors in
Abhängigkeit des Grades der Anpassungsfähigkeit

gewährleisten. Dies läßt sich nur über eine hohe Wiederverwendbarkeit der Werkstückpaletten erreichen.

Wie Bild 43 zeigt, werden die auftragsweise und maschinenorientierte Planungsstrategien dieser Forderung in hohem Maße gerecht, wobei beide Strategien die Flexibilität des Fertigungssystems gleichermaßen ausnützen. Demgegenüber erreicht die arbeitsgangorientierte Strategie ein viel schlechteres Ergebnis,
das bei ε = 1 um 37% niedriger als bei den anderen Strategien
ausfällt. Da unter den in Abschnitt 7.2.2 getroffenen Annahmen
sich die Kapitalbindung umgekehrt proportional zum Palettenwiederverwendungsfaktor verhält, verursacht die arbeitsgangorientierte Planungsstrategie eine entsprechend höhere Kapitalbindung als beispielsweise die maschinenorientierte.

7.3.3 Ermittlung der Ausprägung des Ablaufplanungsdilemmas

Zur Ermittlung der Durchlauffaktoren wurden bei jeder Einplanungsstrategie und verschiedener Flexibilität die Auslastungsgrade
K = 30 %, 50 %, 70 % sowie die maximal erreichte Kapazitätsauslastung als Meßpunkte für die Durchlaufzeiten festgelegt. In
Bild 44 sind die hieraus abgeleiteten Durchlauffaktoren bzw.
Differenzquotienten tabellarisch aufgelistet. Es zeigt sich
eine hohe Korrelation zwischen der Kapitalbindung und dem Durchlauffaktor. Auffallend ist, daß bei "sich ergänzenden" Fertigungssystemen alle Planungsstrategien mit zunehmender Kapazitätsauslastung schnell ansteigende Durchlauffaktoren aufweisen.
Analog dazu steigen die Differenzenquotienten überproportional
an. Dies bedeutet, daß bei "sich ergänzenden" Fertigungssystemen
ein stark ausgeprägtes Ablaufplanungsdilemma vorherrscht, das
von keiner Planungsstrategie zufriedenstellend bewältigt wird.

Mit zunehmender Flexibilität eines Fertigungssystems ist es unter Einbeziehung der planerischen Freiheitsgrade in die Arbeitsgangterminierung möglich, das Ablaufplanungsdilemma spürbar ab-
zubauen. Es erweisen sich auch hier die auftragsweise und maschinenorientierte Planungsstrategie der arbeitsgangorientier-

Arbeitsgangorientiert

ε_F	K(%)	f_{DLZ}	ΔK	Δf_{DLZ}	$\dfrac{\Delta f_{DLZ}}{\Delta K}$
0,0	30	1,32			
			20	0,69	3,45
	50	2,01			
			18,1	1,48	8,17
	68,1	3,49			
0,33	30	1,28			
			20	0,28	1,40
	50	1,56			
			20	0,56	2,80
	70	2,12			
			13,1	0,70	5,34
	83,1	2,82			
0,66	30	1,24			
			20	0,28	1,40
	50	1,52			
			20	0,52	2,60
	70	2,04			
			18,3	0,67	3,66
	88,3	2,71			
1,0	30	1,23			
			20	0,28	1,40
	50	1,51			
			20	0,28	1,40
	70	1,92			
			22,2	0,53	2,39
	92,2	2,45			

Auftragsweise

ε_F	K(%)	f_{DLZ}	ΔK	Δf_{DLZ}	$\dfrac{\Delta f_{DLZ}}{\Delta K}$
0,0	30	1,29			
			20	0,68	3,40
	50	1,97			
			16,5	1,34	8,12
	66,5	3,31			
0,33	30	1,24			
			20	0,14	0,70
	50	1,38			
			20	0,38	1,90
	70	1,76			
			11,9	0,36	3,03
	81,9	2,12			
0,66	30	1,20			
			20	0,07	0,35
	50	1,27			
			20	0,16	0,80
	70	1,43			
			17,2	0,26	1,51
	87,2	1,69			
1,0	30	1,20			
			20	0,05	0,25
	50	1,22			
			20	0,11	0,55
	70	1,33			
			19,8	0,15	0,76
	89,8	1,48			

Maschinenorientiert

ε_F	K(%)	f_{DLZ}	ΔK	Δf_{DLZ}	$\dfrac{\Delta f_{DLZ}}{\Delta K}$
0,0	30	1,28			
			20	0,68	3,40
	50	1,96			
			17,9	1,46	8,16
	67,9	3,42			
0,33	30	1,25			
			20	0,13	0,65
	50	1,38			
			20	0,37	1,85
	70	1,75			
			14,6	0,38	2,60
	84,6	2,13			
0,66	30	1,19			
			20	0,08	0,40
	50	1,27			
			20	0,16	0,80
	70	1,43			
			19,3	0,27	1,40
	89,3	1,70			
1,0	30	1,18			
			20	0,04	0,20
	50	1,22			
			20	0,10	0,50
	70	1,32			
			21,3	0,15	0,70
	91,3	1,47			

Bild 44: Erreichte Durchlauffaktoren und abgeleitete Differenzenquotienten bei den angewandten Einplanungsstrategien

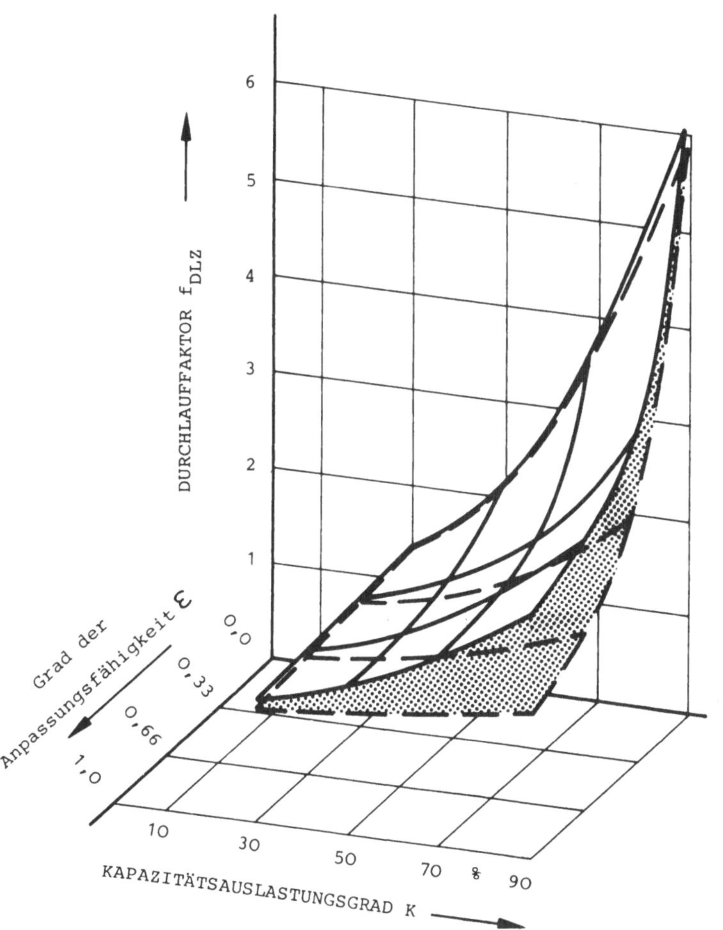

Bild 45: Ausprägung des Ablaufplanungsdilemmas als Funktion von Kapazitätsauslastung und Grad der Anpassungsfähigkeit

ten überlegen. Dies tritt besonders deutlich beim Vergleich der
Differenzenquotienten hervor. In Bild 45 ist näherungsweise der
Verlauf der Funktion

$$f_{DLZ} = F (K, \varepsilon)$$

dargestellt. Dabei wurden die Durchlauffaktoren bei dem Auslastungsgrad K = 90 % mit Hilfe der Differenzenquotienten hoch-
gerechnet. Es zeigt sich einerseits, wie sehr sich das Ablaufplanungsdilemma verringern läßt, wenn bei der Arbeitsgangterminierung Fertigungsalternativen berücksichtigt werden. Andererseits ist aber auch ersichtlich, daß die auftragsweise und maschinenorientierte Planungsstrategie die planerischen Freiheitsgrade wirkungsvoller zur Bewältigung des Ablaufplanungsdilemmas
einsetzen als die arbeitsgangorientierte Einplanungsstrategie.

7.4 Auswahl der geeigneten Planungsstrategie

Die quantifizierbaren Beurteilungskriterien erbrachten, daß von
den untersuchten Planungsstrategien die arbeitsgangorientierte
Version die gestellten Anforderungen nicht in dem Maße erfüllt
wie die beiden anderen Strategien. Dies zeigt sich am deutlich-
sten an dem unzureichenden Abbau des Ablaufplanungsdilemmas bei
hoher Flexibilität. Die arbeitsgangorientierte Planungsstrategie
ist deshalb für die Arbeitsgangterminierung bei dem ausgewählten
repräsentativen Typ flexibler Fertigungssysteme nicht geeignet.

Die Ergebnisse der auftragsweisen und maschinenorientierten
Planungsstrategien weisen keine signifikanten Unterschiede auf.
Ihre Vorgehensweise zeichnet sich dadurch aus, daß sie mit
einer geringen Anzahl von Aufträgen eine hohe Kapazitätsnutzung erreichen. Auf diese Weise verringert sich die Ausprägung
des Ablaufplanungsdilemmas mit zunehmender Flexibilität erheblich. Beide Strategien sind deshalb für die Arbeitsgangterminierung bei flexiblen Fertigungssystemen gleichermaßen geeignet.

Die Forderung nach kurzen Rechenzeiten wird sowohl von der maschinenorientierten als auch von der auftragsweisen Planungs-

strategie bestens erfüllt. Unter den Bedingungen der Testläufe benötigte ein Planungslauf bei beiden Strategien auf der Rechenanlage TR 440 der Universität Stuttgart nur wenige Sekunden.

Kurze Rechenzeiten sind insbesondere bei störungsbedingten Umplanungen erforderlich. Ziel dieser Umplanungen muß es sein, die Folgewirkungen der aufgetretenen Störungen gering zu halten. Da das Fertigungssystem mit verminderter Leistungsfähigkeit den ursprünglich festgelegten Fertigungsplan ohnehin nicht mehr erfüllen kann, muß die verfügbare Kapazität dahingehend genutzt werden, daß die Aufträge mit hohen Prioritäten, soweit technisch möglich, fertigbearbeitet werden. Das Ziel der maximalen Kapazitätsnutzung tritt also im Störungsfall in den Hintergrund.

Die der auftragsweisen Planungsstrategie zugrundegelegte Vorgehensweise erlaubt in ihrer Grundform das Einplanen ganzer Aufträge, ohne zusätzlich die Entwicklung der Kapazitätsnutzung zu berücksichtigen. Sie ist deshalb im Störungsfall der maschinenorientierten Strategie überlegen, weil mit ihr für gezielt ausgewählte Aufträge der gestörte Bereich im flexiblen Fertigungssystem umgangen werden kann. Aufgrund der Anforderungen bei einem gestörten Fertigungsablauf ist somit eine Arbeitsgangterminierung nach der auftragsweisen Einplanungsstrategie für flexible Fertigungssysteme, die dem ausgewählten repräsentativen Typ entsprechen, zu bevorzugen.

Die besonderen Anforderungen flexibler Fertigungssysteme resultieren aus deren Eigenschaft, automatisch verschiedene Werkstücke bearbeiten zu können.

Die sich hieraus ergebende Problematik besteht darin, daß der automatische Fertigungsablauf eine improvisierende personelle Arbeitsverteilung ausschließt. Somit stellt sich der Arbeitsgangterminierung die Aufgabe, trotz einer hohen Determiniertheit des Planungsergebnisses Fertigungsalternativen zu berücksichtigen, um dadurch die Flexibilität des Fertigungssystems zu unterstützen. Dies erfordert, die bei konventioneller Fertigung übliche improvisierende Beeinflussung des Fertigungsablaufs in Algorithmen zu fassen und dadurch in den Planungsvorgang einzubeziehen. Diese Aufgabe ist nur mit einer EDV-unterstützten Methode zu lösen.

Eine unabdingbare Voraussetzung für eine derartige Methode der Arbeitsgangterminierung ist, daß sämtliche Informationen über vorhandene Fertigungsalternativen gespeichert und daß sie während eines Planungsvorgangs schnell verfügbar sind.

Die vielen bekannten Konzeptionen flexibler Fertigungssysteme verhindern die Entwicklung einer allgemein gültigen Methode für die Arbeitsgangterminierung. Deshalb sind sie hinsichtlich ihrer Aufbau- und Ablaufstrukturen analysiert worden. Dabei ist ein Grad der Anpassungsfähigkeit definiert worden, anhand dessen Fertigungssysteme bezüglich ihrer Flexibilität vergleichbar werden. Um ein breites Anwendungsfeld der entwickelten Terminierungsmethode zu gewährleisten, ist ein repräsentativer Typ eines flexiblen Fertigungssystems abgeleitet worden. Dieser Typ entspricht weitgehend der Fertigungsorganisation einer "Werkstattfertigung" und ist Grundlage weiterer Untersuchungen.

Die Überlegungen zur Konzeption einer Methode der Arbeitsgangterminierung sind in dem Rechenprogramm ATEX (Arbeitsgangterminierung bei flexiblen Fertigungssystemen) konkretisiert worden.

Dieses Programm stützt sich auf variable Strukturarbeitspläne.
In ihnen sind alle Fertigungsalternativen des Werkstückspektrums als p l a n e r i s c h e   F r e i h e i t s g r a d e
gespeichert. Das Programm hat somit die Möglichkeit, im Verlauf
eines Planungsvorgangs die Flexibilität eines Fertigungssystems durch Ausnützen der planerischen Freiheitsgrade zu berücksichtigen.

Da die heutige Praxis keine Strukturarbeitspläne kennt, ist es
nicht möglich, die Wirkung einer Arbeitsgangterminierung auf
der Basis variabler Strukturarbeitspläne im konkreten Einsatzfall zu untersuchen. Deshalb sind die Ergebnisse von insgesamt
2400 simulierten Planungsläufen hinsichtlich der Eignung von
drei verschiedenen Einplanungsstrategien untersucht worden.
Hieraus hat sich ergeben, daß die den heute verbreitet eingesetzten Terminierungsverfahren ähnliche arbeitsgangorientierte
Planungsstrategie den Erfordernissen der meisten flexiblen Fertigungssysteme nicht entspricht. Dies ist in erster Linie auf
den bei dieser Strategie auftretenden Bestandseffekt zurückzuführen, der zu einem ausgeprägten Ablaufplanungsdilemma führt.

Demgegenüber haben sich die auftragsweise und die maschinenorientierte Planungsstrategie besonders bei flexiblen Fertigungssystemen, die aus "sich teilweise ersetzenden" Fertigungsmitteln aufgebaut sind, als besonders leistungsfähig erwiesen.
Dies äußert sich in der sehr guten Bewältigung des Ablaufplanungsdilemmas. Da die auftragsweise Strategie alle Arbeitsgänge
eines Auftrags einplant, bevor der nächste Auftrag eingeschleust wird, hat sie gegenüber der maschinenorientierten
Strategie bei auftretenden Störungen Vorteile. Mit schnellen
Umplanungsläufen wird es beim Auftreten einer Störung möglich,
mit Aufträgen hoher Priorität den gestörten Bereich zu umfahren und damit die Folgewirkungen der Störung auf das technisch
unvermeidbare Ausmaß zu reduzieren.

Durch die Speicherung sämtlicher Fertigungsalternativen der zu
bearbeitenden Werkstücke in variablen Strukturarbeitsplänen
wird bei den heutigen EDV-Anlagen deren Leistungsfähigkeit rasch

überfordert. Die Entwicklungstendenz nach immer leistungsfähigeren Speicherelementen zeigt jedoch an, daß die eindeutigen Vorteile einer Arbeitsgangterminierung unter Ausnützung planerischer Freiheitsgrade in Zukunft nutzbar werden.

9   <u>LITERATUR</u>:

/1/   Warnecke, H.J.; Bullinger, H.J.; Lienert, J.:
Ausgewählte EDV-Anwendungen im Produktionsbereich
in: Plötzeneder, H.D. (Hrsg.) Wirtschaftsinformatik III.
UTB-Reihe Wirtschaftswissenschaften
Gustav Fischer Verlag Stuttgart - New York
erscheint 1979

/2/   Dolezalek, C.M.; Ropohl, G.:
Die flexible Fertigungslinie und ihre Bedeutung für
die Automatisierung der Serienfertigung.
VDI-Z. 108 (1966) H. 26, S. 1261-1268

/3/   Stute, G.:
Flexible Fertigungssysteme
wt-Z.ind. Fertig. 64 (1974) Nr. 3, S. 147-156

/4/   Graf, H.:
Methodenauswahl für die Materialbewirtschaftung
in Maschinenbau-Betrieben.
Diss. Universität Stuttgart, 1977

/5/   Bey, I.:
Rechnergeführte Prozesse: Analyse, Synthese, Anwendung.
Vortragsmanuskript zum Projektbericht PDV, Karlsruhe 1974

/6/   Scharf, P.; Schulz, E.:
Integrierte flexible Fertigungssysteme.
wt-Z. ind.Fertig. 63 (1973) H. 3, S. 130-136 und
H. 4, S. 199-206

/7/   N.N.:
Der gegenwärtige Status Quo der Japanischen Technologie
für Gruppensteuerungssysteme von Werkzeugmaschinen.
Japan todays machine tool industry (1973) S. 46-55

/8/   Horrmann, D.:
Betrieb rechnergesteuerter Fertigungssysteme.
Dissertation TH Aachen, 1973

/9/   Lueg, H.; Moll, W.P.:
        Maschinenbelegung mit EDV.
        Werkzeugmaschine International 3 (1973) H. 4, S. 55-67

/10/   Pätzold, A.:
        Rechnergeführte Fertigung, ein Schlüssel zur
        Automatisierung des Fertigungsablaufs.
        ZwF (1975) H. 8, S. 415 - 419

/11/   Moll, W.P.:
        Maschinenbelegung mit EDV.
        Dissertation Universität Stuttgart 1975

/12/   Kunerth, W.:
        Technisch-organisatorische Informationssysteme.
        Vorlesungsmanuskript Universität Stuttgart

/13/   Heinemayer, W.:
        Analyse der Fertigungsdurchlaufzeit im Industriebetrieb.
        Dissertation TU Hannover 1974

/14/   Roy, B.:
        Ablaufplanung.
        München, Wien 1968

/15/   Hoch, P.:
        Betriebswirtschaftliche Methoden und Zielkriterien der
        Reihenfolgeplanung bei Werkstatt- und Gruppenfertigung.
        Verlag Harri Deutsch, Frankfurt/M. Zürich 1973

/16/   Conway, R.W.; Maxwell, W.L.; Miller, L.W.:
        Theory of Scheduling.
        Reading, Mass., Pale Alto, London, Don Mills, Okt. 1967

/17/   Günther, H.:
        Das Dilemma der Arbeitsablaufplanung.
        Betriebswirtschaftliche Studien, Bd. 10, 1971

/18/   Dickhut, G.H.:
        Zur Problematik der optimalen Fertigungsablaufplanung
        in der Einzel- und Kleinserienfertigung.
        Dissertation TH Aachen 1966

/19/   Berr, U.; Papendieck, A.J.:
         Produktionsreihenfolgen und Losgrößen.
         Werkstattstechnik 60 (1970) H. 4, S. 191 - 196

/20/   Sankaran, D.:
         Zur Lösung des Zuordnungsproblems in der Ferti-
         gungstechnik mit Hilfe pseudoboolscher Algebra.
         Dissertation TU Hannover, 1973

/21/   Bittner, H.:
         Heuristische Verfahren zur Ablaufplanung von Fertigungs-
         prozessen bei Einzel- und Kleinserienfertigung.
         Fertigungstechnik und Betrieb 26 (1976) H. 1, S. 14-17

/22/   Niemeyer, G.:
         Die Simulation von Systemabläufen mit Hilfe von
         FORTRAN IV. GPSS auf FORTRAN-Basis.
         Verlag Walter de Gruyter, Berlin, New York, 1972

/23/   N.N.:
         Kapazitätsterminierung für Fertigungsbetriebe.
         IBM-Form 71 423-1

/24/   Jackson, J.R.:
         Networks of Waiting lines.
         Operations Research, Vol. 5, 1957, S. 518-521

/25/   Hoss, K.:
         Fertigungsablaufplanung mittels operationsanalytischer
         Methoden.
         Würzburg, Wien 1965

/26/   Keck, H.:
         Vergleich von Prioritätsregeln mit Hilfe der Simulation.
         in: Bussmann/Mertens:
         Operation Research und Datenverarbeitung bei der
         Produktionsplanung. S. 230-251, Stuttgart 1968

/27/   Moore, J.M.; Wilson, R.C.:
         A Review in Simulation Research in Job Shop Scheduling
         in: Production and Inventory Management, S.1-10, 1967

/28/   Allen, M.:
        The efficient Utilization of Labor under Conditions
        of Fluctuating Demand.
        in: Industrial Scheduling, 1963, S. 252-276

/29/   Hollier, R.H.:
        A Simulation Study of Sequencing in Batch Productions.
        in: Operation Research, Quart. 19, 1968, S. 389-407

/30/   Nelson, R.H.:
        Labor and Machine Limited Production Systems.
        Management Science, Vol. 13, Nr. 9, 1967, S.389-407

/31/   Kanodia, L.S.:
        Queue Balancing - Another Approach to the Theorie
        of Scheduling.
        M.S. Thesis, MIT, A.P. Sloan School of Management 1965

/32/   Russo, F.J.:
        A Heuristic Approach to alternative Routing in a
        Job Shop.
        M.S. Thesis, MIT, 1965

/33/   Carrol, D.C.:
        Heuristic Sequencing of Single and Multiple Component
        Jobs.
        PhD Thesis, MIT, A.P. Sloan School of Management 1965

/34/   Ropohl, G.:
        Flexible Fertigungssysteme.
        Verlag Krausskopf, Mainz 1971

/35/   Dathe, H.M.:
        Moderne Projektionsplanung in Technik und Wissenschaft
        Hanser-Verlag, München, 1971

/36/   Simon, W.:
        Produktivitätsverbesserung mit NC-Maschinen und
        Computern.
        Hanser-Verlag, München 1969

/37/   Glantschnig, F.:
         Flexibilität bei zunehmender Automation in der
         Fertigung.
         Industrielle Organisation 41 (1972) 5, S. 227-235

/38/   Egger, A.:
         Kurzfristige Fertigungsplanung und betriebliche
         Elastizität.
         Berlin 1971

/39/   Phillip, R.:
         Die Planung flexibler Produktionssysteme.
         ZwF 68 (1973) 11, S. 632-637

/40/   Scharf, P.:
         Strukturalternativen integrierter, flexibler
         Fertigungssysteme und ihre Bewertung.
         Dissertation Universität Stuttgart 1974

/41/   Junghanns, W.:
         Planung neuer Fertigungssysteme für die Einzel-
         und Serienfertigung.
         Dissertation TH Aachen, 1971

/42/   Giuliani, O.; Maier, U.; Nieß, P.S.:
         ATEX - Ein Terminierungsprogramm für flexible
         Fertigungssysteme.
         VDI-Z 117 (1975) Nr. 20, S. 947-952

/43/   Winkler, J.F.H.; u.a.:
         Rahmenkonzeption "Flexible Fertigungssysteme"
         PDV-Entwicklungsnotizen, Karlsruhe 1974

/44/   Warnecke, H.J.; Giuliani, O.; Maier, U.; Nieß, P.S.:
         Fertigungssteuerung bei flexiblen Fertigungssystemen.
         wt-Z.ind.Fertig. 65 (1974) , S. 440-447

/45/   Spur, G.; Feldmann, K.; Matthes, H.:
         Entwicklungstand integrierter Fertigungssysteme
         ZwF 68 (1974) 5, S. 229-235

/46/   Warnecke, H.J.; Maier, U.:
         Kurzfristige Kapazitätsterminierung bei flexiblen
         Fertigungssystemen auf der Basis variabel aufgebauter
         Arbeitspläne.
         Vortragsmanuskript, 7th CIRP-Seminar on Manufacturing
         Systems, Eindhoven 1975

/47/   Ruoß, G.:
         Beitrag zur Fertigungssteuerung bei flexiblen
         Fertigungssystemen.
         Diplomarbeit am IFF 1973

/48/   Nieß, P.S.:
         Fertigungssteuerung im flexiblen Fertigungssystem
         unter besonderer Berücksichtigung des Kapazitätsabgleichs.
         Dissertation Universität Stuttgart 1979

/49/   Mellerowicz, K.:
         Betriebswirtschaftslehre der Industrie. 2. Band,
         5. Aufl. Freiburg i.Br. 1958

/50/   Heinen, E.:
         Das Zielsystem der Unternehmung, Grundlage betriebs-
         wirtschaftlicher Entscheidungen.
         Wiesbaden 1966

/51/   Neimeier, H.A.:
         An Investigation of Alternative Routing in a Job Shop.
         M.S. Thesis Cornell University, 1965

/52/   Wayson, R.D.:
         The Effect of alternative Machines on Two Priority
         Dispatching Disciplines in the General Job Shops.
         M.S. Thesis Cornell University, 1965

/53/   Clermont, P.:
         Maschine Substitution in a Job Shop
         M.S. Thesis, A.P. Sloan School of Management, MIT 1966

/54/   Maier, U.; Nieß, P.S.:
         Planungsmethoden der Fertigungssteuerung bei flexiblen
         Fertigungssystemen.
         HGF-Kurzbericht 75/73 in Industrie-Anzeiger 97, Nr. 82,
         1975

/55/   Biermann, J.; Maier, U.:
         Terminierungsmethoden für flexible Fertigungssysteme
         auf der Basis variabel aufgebauter Arbeitsplätze.
         FB/IE 25 (1976) H. 1, S. 37-42

/56/   Wilhelm, R.; Döttling, W.:
         Auslegung des Materialflusses eines flexiblen
         Fertigungssystems.
         wt-Z.ind.Fertig. 66 (1976) 1, S. 25-29

/57/   Wilhelm, R.:
         Analyse flexibler Fertigungssysteme.
         wt-Z.ind.Fertig. 66 (1976) 9, S. 529-536

/58/   Gutenberg, E.:
         Grundlagen der Betriebswirtschaftslehre.
         1. Band: Die Produktion.
         Berlin-Heidelberg-New York, 1965

IPA Forschung und Praxis

Schriftenreihe aus dem Institut für Produktionstechnik und Automatisierung, Stuttgart

Herausgeber: Prof. Dr.-Ing. H. J. Warnecke

Datenerfassung im Produktionsbereich
Von E. Bendeich. ISBN 3-7830-0117-8.
1977, 176 Seiten, kartoniert. 54,— DM

Methodenauswahl für die Materialbewirtschaftung in Maschinenbau-Betrieben
Von H. Graf. ISBN 3-7830-0136-6.
1977, 144 Seiten, kartoniert. 54,— DM

Systematische Auswahl von Förderhilfsmitteln für den innerbetrieblichen Materialfluß
Von W. Rau. ISBN 3-7830-0139-0.
1977, 103 Seiten, kartoniert. 40,— DM

Grundlagen zur Planung von Ersatzteilfertigungen
Von E. Schulz. ISBN 3-7830-0138-2.
1977, 98 Seiten, kartoniert. 40,— DM

Rechnerunterstützte Fabrikplanung
Von B. Minten. ISBN 3-7830-0116-1.
1977, 124 Seiten, kartoniert. 38,— DM

Eine Planungsmethode für automatische Montagesysteme
Von H.-G. Löhr. ISBN 3-7830-0120-X.
1977, 108 Seiten, kartoniert. 32,— DM

Planung und Bewertung von Arbeitssystemen in der Montage
Von H. Metzger. ISBN 3-7830-0131-5.
1977, 108 Seiten, kartoniert. 40,— DM

Klassifizierungssystem für Prüfmittel der industriellen Längenprüftechnik
Von R. Czetto. ISBN 3-7830-0144-7.
1978, 181 Seiten, kartoniert. 64,— DM

Rechnerunterstützte Montageplanung
Von O. Hirschbach. ISBN 3-7830-0149-8.
1978, 146 Seiten, kartoniert. 52,— DM

Rechnerunterstützte Entwicklung von Simulationsmodellen für Unternehmensplanspiele
Von A. Moker. ISBN 3-7830-0147-1.
1978, 181 Seiten, kartoniert. 64,— DM

Arbeitsplatzanalysen zur Ermittlung der Einsatzmöglichkeiten und Anforderungen an Industrieroboter
Von G. Herrmann. ISBN 37830-0151-X.
1978, 113 Seiten, kartoniert. 40,— DM

MFSP — Ein Verfahren zur Simulation komplexer Materialflußsysteme
Von G. Stemmer. ISBN 3-7830-0118-8.
1977, 140 Seiten, kartoniert. 60,— DM

Berührungslose Erkennung durch Positionsbestimmung von Objekten durch inkohärent-optische Korrelation
Von M. König. ISBN 3-7830-0137-4.
1977, 110 Seiten, kartoniert. 40,— DM

Auslegung von Störungspuffern in kapitalintensiven Fertigungslinien
Von R. v. Stetten. ISBN 3-7830-0140-4.
1977, 154 Seiten, kartoniert. 56,— DM

Flexible Transportablaufsteuerung
Von G. Römer. ISBN 3-7830-0114-5.
1977, 188 Seiten, kartoniert. 60,— DM

Rechnergestützte Realplanung von Fabrikanlagen
Von T.-K. Sauter. ISBN 3-7830-0119-6.
1977, 108 Seiten, kartoniert. 32,— DM

Systematisches Auswählen und Konzipieren von programmierbaren Handhabungsgeräten
Von R. D. Schraft. ISBN 3-7830-0115-3.
1977, 108 Seiten, kartoniert. 32,— DM

Auslandsproduktion
Von W. Cypris. ISBN 3-7830-0145-5.
1978, 126 Seiten, kartoniert. 42,— DM

Wirtschaftlicher Einsatz von Mehrkoordinatenmeßgeräten
Von M. Dietzsch. ISBN 3-7830-0148-X.
1978, 142 Seiten, kartoniert. 52,— DM

Fertigungssteuerung bei flexiblen Arbeitsstrukturen
Von K.-G. Lederer. ISBN 3-7830-0146-3.
1978, 128 Seiten, kartoniert. 42,— DM

Untersuchungen zum Polieren und Entgraten durch elektrochemisches Oberflächenabtragen
Von K. Zerweck. ISBN 3-7830-0150-1.
1978, 110 Seiten, kartoniert. 40,— DM

Stufenweise Ableitung eines praktischen Planungssystems für den Entwicklungsbereich
Von R. Hichert. ISBN 3-7830-0149-8.
1978, 151 Seiten, kartoniert.   52,— DM

Produktionsplanung mit Auftragsfamilien
Von U. W. Geitner. ISBN 3-7830-0161.7.
1979, 110 Seiten, kartoniert.   45,— DM

Thermisch-chemisches Entgraten
Von T. Wagner. ISBN 3-7830-0164-1.
1979, 111 Seiten, kartoniert.   45,— DM

Untersuchung der Materialflußkosten bei ausgewählten Systemen der Zentralen Arbeitsverteilung
Von R. Wenzel. ISBN 3-7830-0162-5.
1979, 168 Seiten, kartoniert.   86,— DM

Anpassung und Einführung eines Planungssystems für die Ablaufplanung im Konstruktionsbereich
Von W. Dangelmaier. ISBN 3-7830-0163-3.
1979, 168 Seiten, kartoniert.   80,— DM

Längenmessungen an bewegten Teilen mit berührungslos wirkenden Aufnehmern
Von H. Lang. ISBN 3-7830-0157-9.
1979, 89 Seiten, kartoniert.   42,— DM

Untersuchung multistabiler Strömungselemente und ihr Einsatz in sequentiellen Steuerungen
Von A. Ernst. ISBN 3-7830-0157-9.
1979, 122 Seiten, kartoniert.   48,— DM

Taktile Sensoren für programmierbare Handhabungsgeräte
Von M. Schweizer. ISBN 3-7830-0158-7.
1979, 91 Seiten, kartoniert.   42,— DM

Die rechnerunterstützte Prüfplanung
Von P. Bläsing. ISBN 3-7830-0152-8.
1979, 100 Seiten, kartoniert.   44,— DM

Verfahren zur Fabrikplanung im Mensch-Rechner-Dialog am Bildschirm
Von W. Ernst. ISBN 3-7830-0156-0.
1979, 218 Seiten, kartoniert.   72,— DM

Rechnerunterstütztes Verfahren zur Leistungsabstimmung von Mehrmodell-Montagesystemen
Von M. Görke. ISBN 3-7830-0155-2.
1979, 139 Seiten, kartoniert.   50,— DM

Standortbezogene Betriebsmittel
Von G. Pflieger. ISBN 3-7830-0167-6.
1979, 127 Seiten, kartoniert.   52,— DM

Die betriebswirtschaftliche Beurteilung neuer Arbeitsformen
Von B.-H. Zippe. ISBN 3-7830-0168-4.
1979, 350 Seiten, kartoniert.   98,— DM

Untersuchung des Arbeitsverhaltens programmierbarer Handhabungsgeräte
Von B. Brodbeck. ISBN 3-7830-0169-2.
1979, 117 Seiten, kartoniert.   48,— DM

Untersuchung eines kohärent-optischen Verfahrens zur Rauheitsmessung
Von N. Rau. ISBN 3-7830-0174-9.
1979, 117 Seiten, kartoniert.   48,— DM

Entwicklung einer programmierbaren, pneumatischen Steuerung
Von D. Klemenz. ISBN 3-7830-0171-4.
1979, 93 Seiten, kartoniert.   42,— DM

Diese Berichte sind zu beziehen durch den Krausskopf-Verlag, Lessingstraße 12, 6500 Mainz

IPA Forschung und Praxis

Berichte aus dem Fraunhofer-Institut für Produktionstechnik und Automatisierung, Stuttgart, und dem Institut für Industrielle Fertigung und Fabrikbetrieb der Universität Stuttgart

Herausgeber: Prof. Dr.-Ing. H. J. Warnecke

38 **Arbeitsgangterminierung mit variabel strukturierten Arbeitsplänen — Ein Beitrag zur Fertigungssteuerung flexibler Fertigungssysteme**
Von U. Maier. ISBN 3-540-10213-2.
1980, 111 Seiten mit 45 Abbildungen.   43,— DM

Die Berichte 38 und folgende sind zu beziehen durch den Springer-Verlag, Berlin Heidelberg New York